無界文字力

從低谷重啟，
跨越志業、理想，
改變人生的書寫術

作者——余玥（冏星人）

時報出版

自序
寫作可以實現各種可能

大家好,我是冏冏,舊名「冏星人」。

這本書的內容取自我跟總公司位於日本的「自媒體大學」合作,花了3個月去準備的線上講座。多年前,這些內容本來是針對拍片的需求去講解的,後來做了通識化的調整,因為我近年幾乎都是以純文字創作為主,所以就改為針對這門越來越少人精進的技藝做分享。

我很期待能夠跟大家分享,這十幾年來我在網上經營文字平台的心得,靠文字賺錢,靠文字療癒自己,靠文字自我對話。

2013年我在加拿大求學告一段落,利用回台前的空餘時間開始經營YouTube頻道,成為台灣最早的油土伯拍片仔之一,被朋友戲稱「始祖巨人」。早期做動漫評論、影評,也有做遊戲解說、搞笑脫口秀,後來慢慢開始做知識型的說書節目,真的在大眾視野中比較有名的系列就是「冏說書」系列。之後大家對我的認知好像是一個說書的人。

實際上,做YouTube之前,我已經在網路上打滾了蠻久的。

自序

在中國就讀大學期間，我積極參與論壇交流，那時的討論區文化與台灣早期 BBS 相似。大學的最後幾年持續到畢業進入社會，我在部落格記錄各種生活體驗，如：閱讀感想、遊戲評價、動漫觀後感及電影評論等。

隨後，在轉至 YouTube 創作之前，我也在 Facebook 上翻譯國際新聞（比好色龍、BC & Lowy 還早喔！），延續了我部落格時期的內容方向。最初，我僅是把 YouTube 平台當成翻譯作品的倉庫，翻譯 Gigguk「毒舌老外系列」，後來覺得何不做屬於我們的中文作品呢？這才開始了我的 YT 之路。我沿用了論壇時代的名稱「囧星人」，這是我的一個老朋友隨便幫我取的，當時好像是我心情鬱悶剛好把它放在 MSN 的簽名裡，就被這樣叫了，沒什麼特別的意思。

我的運氣非常好，成為台灣最早的 YouTuber 和「網紅」之一，加上集資取得商業成功，博得鎂光燈注意、主流媒體爭相報導，2018 年我的頻道超過 50 萬訂閱，月收入將近百萬。

然而，正當我認為事業達到高峰之際，健康狀況出現問題。藥物導致的副作用令外貌忽胖忽瘦、眼神閃爍、口齒不清、難以形成短期記憶，那個氣色精神都很不好的樣子，迫我不得不暫時退出公眾視野。

基於不想節外生枝的理由，我沒有多加解釋就隱退了。後來

即使在生病期間，我仍收到許多商業合作邀請，但由於身體狀況，我選擇了拒絕。心想，我要好好養病，但沒有想到，一養就養了四、五年，一度以為我這輩子都不可能再好了。

重病的頭一、兩年，我的收入幾乎歸零。我深刻意識到自己的事業過度依賴影像內容。面對健康挑戰，我無法如常拍攝及錄製影片，這讓我開始尋求其他曝光方式。

於是我重拾文字創作，回到熟悉的文字平台：Facebook，用文字記錄生活點滴和個人觀點。

那時候，大家對我是網紅這個印象還蠻深刻的。我就寫一些日常的生活小事，寫一些自己的想法，那基本上是集中在我「個人」這個主題上面。

粉絲對我仍舊保持支持，但我漸漸發現，雖然他們願意互動，支持度也可說是非常死忠，發文之後有些人可能還沒看就先讚了，但很少分享我的內容。

我很快就發現大家喜歡我，喜歡按讚，喜歡留言，可是不太常分享。很多因為影片而認識我的人，他們漸漸也發現我沒有在拍影片了，而且其實他們對文字媒體也是蠻生疏的，感覺跟我有距離感吧，所以漸漸對我的熱情也沒有那麼高了。

加上演算法演化的關係，舊粉絲在淡忘在離去，而新粉絲又沒有被吸納進來。隨著時間推移，我在網路的可見度逐漸降低，

社群成長也受到了限制。

有些廠商寫信給我希望我做影片業配,我表明粉專的文章互動率也不錯,要不要考慮就讓我寫文章業配呢?可是他們顯得不太信任,畢竟那陣子剛好影片行銷在紅紅火火的風頭上,業界的廣告預算一窩蜂都湧到 YouTube 平台,2018～2020 年有些十幾萬訂閱的頻道主都已聘用全職助理和剪輯師,可見收入頗豐。

對於生病而不能面對鏡頭的我來說,不得不重拾寫文字的筆靠文字維生。為了能夠繼續創作,我必須賺到錢,才能繼續過好自己的生活,無論我未來要做什麼,必須要做到這件事情。

我發現,不能讓粉絲以外的人喜歡的文案,好像沒有辦法說服廠商。所以我一直很想努力寫出互動率好,又能夠被轉發出去的社群文章。除了能令業配一事上更有說服力之外,也許能爭取一些願意看文字的新讀者。

總之,我想用文字為主的創作方式存活下來。其實過程不太容易,就像是爬山一樣,從一座山又爬到另外一座山,這中間經歷了很多顛沛流離。經過四年的鍥而不捨,我終於找到了靠文字創作實現穩定收入的方法。

我總結出的寫作手法,讓我吸引了許多新讀者,也讓合作夥伴對我重新建立了信任。

我與許多品牌的成功合作,證明了高轉化的重要性。去看我

迄今為止為數不少的業配文，有注意的話，應該會發現回頭率非常高，一度合作過的廠商 80% 以上都會再與我合作，因為他們發現我的忠實讀者很願意掏錢買東西，消費力和轉換率都很高。

2018 年我退出影音市場，返回文字媒體掙扎。到 2024 年，我不靠拍片，只靠文字，就賺進了數百萬新台幣的收入。

我自己也感到驚訝。雖然是不得已轉移事業重心到文字，但以前從來沒有想過，原來寫作有這麼多方式可以賺錢，而且收入可以不比做影片差。

這段經歷讓我意識到，即使是轉向純文字的創作形式，也能夠開闢出廣闊的盈利空間。影音聲光眼花撩亂的時代，文字依然保有獨有的價值，我想果然事在人為吧。

在與「自媒體大學」合作推出線上講座時，原本沒有出版書籍的計畫，後來我想到，分享的內容既然是跟文字寫作有關，卻不能讓更多鍾情於文字的讀者看到，好像過不太去？跟製作人討論後，她同意讓我把近兩個小時的講座內容，濃縮為一本易讀的書，於是就有了這次付梓的機會。

改寫的過程，我相當樂在其中，一不小心就多寫了三萬多字，忍不住把關於寫好文章、關於用文字賺錢的所有想法都毫無保留地分享出來了，實在太想要幫助更多人。

希望這些經驗能夠為同樣致力於自媒體領域的人們提供一些

啟示，指引各位未來的努力方向。

如果你還不知道學習寫作能帶來什麼好處，或者你非常擅長寫作卻不清楚如何賺錢，我或許有一些實戰經驗可以傳授給你，也就是作為寫作者應具備的「商業思維」。這部分與單純的筆頭功夫截然不同，因為你需要了解市場的運作方式，知道如何將自己的價值轉換成收入。

我希望那些對寫作有興趣，因前景不明而望而卻步的人，能夠先了解透過寫作可以實現的各種可能——不僅僅是賺錢而已，可能包括實現影響力和改造。同時，我也期望所有熱愛寫作、懷才不遇的作者，能夠激發自己的商業嗅覺，在追求夢想的同時，獲得可觀的收入，讓生活變得更加美好。如果你剛好在低谷中掙扎，我則希望這本書能賦予你重啟的勇氣，帶你穿越一切障礙。

余珃（同星人）

目錄

002　　自序：寫作可以實現各種可能

Chapter1 ＿寫好文章，沒那麼難

017　　**練習寫作的三大益處**
017　　　＋一、成本相對低廉且發揮空間大
018　　　＋二、訓練邏輯思考與條理
019　　　＋三、情緒療癒
021　　**如何寫好文章？**
021　　　＋一、先架構再動筆
025　　　＋二、用具體取代抽象
032　　　＋三、創造節奏感
040　　　＋四、口語化且易懂
045　　　＋五、正向思想與內涵

Chapter2 __文字如何產生收入

- 052 　　　　選題！選題！選題！
- 053 　　　　我如何靠寫作維生
- 057 　　　　收入的模樣
- 058 　　　　　＋ 網站廣告收入
- 063 　　　　　＋ 書籍版稅
- 068 　　　　　＋ 會員制或訂閱服務
- 076 　　　　成功案例：台灣：科技巨頭解碼
- 078 　　　　成功案例：美國：全世界第一名的訂閱電子報
- 080 　　　　高專精領域＝高變現力
- 082 　　　　另類吸引力：社會責任與正義感
- 083 　　　　追記：電子報復興
- 086 　　　　　＋ 電子報的商業潛力
- 086 　　　　　＋ 建立私域流量的重要性
- 088 　　　　　＋ 內容策略與讀者維護
- 089 　　　　　＋ 電子報的多功能性

090	✢ 結論
090	**自由撰稿和內容寫作服務**
092	**標案公關宣傳**
095	**政治公關案**
097	**專業領域顧問和教練**
099	✢ 最能說服人下單的是文案
100	**業配和廣告代言**
103	✢ 圖文業配和影音業配的差異
105	✢ 如何開價?關鍵在 ROAS!
108	**演講講座與課程**
111	**傳統媒體通告**
113	**破圈的重要性**

Chapter3 _ 現在開始經營文字會太晚嗎?

119		**廣大粉絲群,不如高度集中的小眾**
122	+	追蹤財經大師的讀者,都是對金錢感興趣的人
123	+	從整理房間延伸到整理人生
125		**文字與影片內容的優劣勢分析**
126	+	SEO(搜索引擎優化)
127	+	吸引力
127	+	資訊深度
127	+	情感連結
128	+	靈活性
128	+	受眾差異
128	+	持久性
129	+	製作成本
129	+	結論
130		**文字是所有內容的根本**

Chapter4 __ AI 輔助你寫盡天下事

136	從文字到文字
138	用 AI 轉換文字風格
144	從語音到文字
152	追記：快樂哲學復興，「玩」就是最大的競爭力
154	✚ 判斷你的職業風險
156	✚ 找回創造力
157	✚ 時代新機遇
158	邁向自我實現

Chapter5 __ 好文案的模樣

162	AI 時代中的文組優勢
164	低互動 vs 高互動文案
175	好文案的「文字五力」
177	AI 幫你打底，人類讓它發光

178　　故事力：觸動人心的鑰匙
183　　知識力：內容的價值基石
185　　風格力：靈魂的簽名
188　　結構力：讓理解不再是距離
192　　洞察力：畫龍點睛之筆

Chapter6 ＿結語

198　　為了夢想，賺你應該賺到的錢
200　　閱讀：最深的護城河
203　　寫作：最溫柔的祝福

Chapter 1

寫好文章，
沒那麼難

大多數人可以輕鬆看完30分鐘左右的長影片，可是當看到500字的網路文章時，就忍不住要罵：「寫這麼長誰○○看得完!?」

寫得累、看的人少，完全吃力不討好，既然如此，學習寫作的必要性究竟在哪裡呢？

2023年末,當我提出要開設一門關於「如何透過寫作賺錢」的講座時,我花了不少時間說服製作人。因為製作人和我都是透過 YouTube 影片在網路上獲得較大聲量的過來人,她最初並不看好會有多少人願意學習寫作。自從電視媒體誕生以來,觀眾對影音媒體的青睞程度遠勝於文字,畢竟聲光效果所傳達的資訊量大、表達精準,即使不精於文字的人也能透過表情和肢體語言輕鬆獲得較強的渲染力。

文字雖是傳統且古老的媒介,但要活用並精通這項技能卻有相當高的門檻。現代人或許常常需要與他人溝通交談,卻不一定每天都有機會認真寫作。

更何況,吸收影音資訊相較於閱讀文字容易得多,大多數人更願意觀看影像內容。這件事,相信常瀏覽網路的你一定心有戚戚焉:大多數人可以輕鬆看完三四十分鐘的長影片、也可以追一個晚上的劇,可是看到哪怕是超過 500 字的網路文章,就忍不住要罵:「寫這麼長誰○○看得完!?」

寫得累、看的人少,完全就是吃力不討好的形式。既然如此,學習寫作的必要性究竟在哪裡呢?

我分享並鼓勵大家練習寫作、培養寫好文章的技能,並非只提倡大家必須走文字寫作這條路。當然,你可以在練好寫作後,靠文字打開許多商業機會,但實際上你會發現,只要文字功底扎

實,無論未來是拍攝影片、進行演講或撰寫報告,在其他媒介上的表現力都會跟著飛昇成長。

以我在影音平台上打響名號的節目,無論是動漫講評、單口喜劇、遊戲解說、說書,都是基於一篇篇有趣的腳本,才能有不俗的觀看量,讓我打開知名度走上台灣最早的「網紅」之路。

練習寫作的三大益處

一、成本相對低廉且發揮空間大

文字創作的成本相對較低,但發揮空間可以很大。

現在串流影音被認為是最強勢的媒體,人們普遍喜歡以聆聽或觀看影像的方式來吸收資訊,但做好這件事並不如看起來簡單。要讓口條流利、使聽者感到舒適,實際上有許多前提條件:

- 聲音是否悅耳
- 口齒是否清晰
- 語調與節奏感是否吸引人
- 外表能否給人留下良好印象

這些都是決定你輸出資訊後能否產生影響力的關鍵因素。

口語表達看似門檻低，卻可能產生許多雜訊。單純練好文字功力與訓練口條聲音、打理形象，哪個更困難？純粹練好文字能力，顯然簡單得多。

✚ 二、訓練邏輯思考與條理

寫作不僅僅能練習表達。你可能會遇到許多能言善道、口若懸河的人，但他們講再多話也不一定能培養出條理性思維。相較之下，常常寫作的人，其邏輯性與條理性會隨著時間逐漸形成，特別是當他每次都認真對待寫作這件事時。

為什麼會這樣呢？因為當我們拿起筆或敲擊鍵盤時，為了讓文字形成完整且他人能理解的樣態，我們會不斷開始思考。寫作通常不是在需要緊急回應的狀況下進行，這預留了許多時間讓我們謹慎對待寫出來的成果。我們可能會事先查詢參考資料，調整前後語句以使文章更有條理，甚至在寫了許多字後將其刪除，避免過於情緒化或不適當的詞句被送出。

相較於口語溝通，書寫更依賴思考過程的輸出方式。儘管打字終究比講話慢得多，但正是這些物理或生理上的限制，迫使我們放慢腳步，花時間醞釀要表達的意思。這樣產出的結果也因此顯得更加精粹，更經得起他人檢驗。

文字相較於口語，在訓練我們自身能力的方面多了許多層

次,如邏輯性、條理性等等架構能力,在寫作過程中都會不斷獲得鍛鍊。寫多了之後,你會發現進步的不只是筆頭上的功夫,不知不覺間口語表達也得到提升,解決問題時也會更傾向於使用理性的方式。

寫作可以說是鍛鍊「理性腦」的最強方式。隨著理性腦被開發得更加發達,我們在做生活工作中的決策,也會更懂得權衡優先次序和利弊得失,從而爭取到一個更完善的成果。

三、情緒療癒

練習寫作的第三個好處,是我常常向他人推薦的情緒調節方法——最典型的,就是「感恩日記」。如字面上所言,就是定期用文字記錄下值得感恩的人事物。

我曾因生活的不順陷入憂鬱,很長一段時間以來,我嘗試透過各種方式調節自己的情緒,吃藥、休息、運動、按摩享受、購物,寫感恩日記是大眾耳熟能詳的一招,我年輕時不屑一顧,實踐後才忍不住大力推崇。

為何選擇寫感恩日記,而非只是向他人傾訴苦水,或是到無人的高山上大聲吶喊發洩呢?

比起直覺式的口語表達,寫感恩日記需要經過思考和回溯,透過筆頭表達每天認為值得感恩的事物,這個過程會開啟我們的

記憶力和總結能力，在嘗試表達時也訓練了邏輯與思考能力。

人類的大腦天生傾向於專注負面資訊，網路上有十個人稱讚你，即便只有一個人留下酸言酸語，你的注意力通常會被那一個人吸引。這種專注於負面訊息的傾向，其實是祖先從遠古時期發展出來，為了讓我們保持警覺性的一種天性。但若讓少數負面訊息影響了自己，實在不值得。

因此，我們的理性需要對抗這種天性。透過寫感恩日記，讓你的大腦盡量專注於那些讓你快樂、得益、充滿動力繼續前進的回憶和事物上，而不被負面力量拉扯，導致情緒受影響，甚至缺乏前進的動力或生病。

即使學完寫作技巧後，你也沒打算將其應用於商業實踐，仍可以運用這項技能每天寫日記或分享生活體驗，讓自己獲得更多正面能量的回饋，這也是很好的療癒方式。我個人現在雖然寫了許多商業類文章，但必須說，真正讓我從群眾那裡獲得溫暖和療癒力量的，都是那些感性的、自我揭露的文章。

情緒的正面表達，會吸引正面的力量，讀者和作者間產生共振，能夠獲得更大的能量，鼓勵彼此朝著美好的方向前進。

Chapter1──寫好文章，沒那麼難

如何寫好文章？

談到這裡，你應該已經意識到寫作有這麼多好處，心想：「我應該要從現在開始練習寫作了！」但你可能也會擔心：「我沒有什麼天分，不像職業作家那樣能夠信手拈來華麗的詞藻，寫出來的東西總是平淡無味、像流水帳一樣，越寫越挫折，該怎麼辦呢？」

要寫好文章其實有一些實用的方法。你不需要像我一樣，寫上十年二十年才能有所成就。我之所以寫了這麼久，很大程度是因為中間被許多事情耽誤了，例如：上班、拍影片、投入有的沒的各種興趣（甚至跑去做上千個小時的遊戲實況），我自己也深感慚愧。

若你今天有心想學，我保證你肯定能比我更快十倍甚至百倍的速度練好寫作，因為在這裡，我會把最有效率獲得進步的訣竅直接交給你。

以下是我認為寫好文章最實用的 5 個方法：

✚ 一、先架構再動筆

寫文章就像蓋房子一樣，先有骨架，內容才不會東倒西歪。初學寫作的人可能會想：「我不知道該怎麼開始，也不知道

該怎麼結束，中間寫東西時又想到什麼就寫什麼，很容易走題或讓人覺得內容不夠聚焦。」如果你有這個問題，那麼在練習時，應該先決定好要表達的主題、如何開頭以引起讀者的注意，以及結論時如何強化論點並留下深刻印象，這樣可以避免你寫到一半時迷失方向。

我最推薦寫作新手的「總—分—總」和「起—承—轉—合」結構，聽起來複雜，其實最需要把握的重點就是：**寫到哪裡，都要讓讀者明白，現在處於「哪個階段」，最好能像口語溝通一樣段落分明。**

試著回想你印象深刻的演講或 YouTube 上的口播影片，內容多半有什麼特色？通常好的表達，講者無論講到哪裡，讀者都能清楚地辨識出「這裡是開頭」「現在到論述了」「準備下結論了」「該結束了」等等文意的不同段落。

沒有條理的文章是什麼樣的？你一定見識過，有些文章，分開來每個字每個句子都看得懂，可是連在一起就看不懂了！究竟是怎麼搞的？

我有個在傳統產業耕耘，事業做到頗大規模的朋友，他不擅於經營社群，連寫一些業界勁爆八卦都很少人關注，某天他請我看看他寫的文案有什麼問題。

接到委託後，我從他最引以為豪的八卦揭露文看起，才看一

Chapter1──寫好文章,沒那麼難

兩段就忍俊不禁。他還奇怪:「我覺得這個故事很有趣啊,為什麼按讚分享的人這麼少?」

我問他:「你一向喜歡加入這麼多 emoji 和內心話嗎?」

「還好啦,但很多媽媽網紅都這樣寫,難道不適合?」

「拿這段文字為例,你寫到一個在背後捅刀的人終於業力引爆,還沒講完這個故事,就開始講以前和他的合作過程,然後中間插了一個別人對他的評價,還有幾句括號內是你對他的評語⋯⋯」我抓了抓頭,對他苦笑。「如果我不習慣你的敘事邏輯,會覺得沒辦法好好專心看完,因為中間分支出太多想法了,讓整件事變得好難理解。我是一個路人,會希望你先單純講完一件事,讓我覺得好像有點意思,再聽你說其他的想法。」

他愣了幾秒,發出「喔」的一聲,似乎恍然大悟。

「你說遇到了很扯的事,用情緒表達開了頭,這個不錯。可是還沒講完故事,就寫了一大段加害者心理學等等的科普解釋放在中間,這件事重要嗎?你也不是心理學家,丟出這份資料的意義不大。而且,人們都搞不清楚到底發生了什麼事,怎麼會沒來由的突然關注你分享的知識?」

「⋯⋯啊,好像是這樣,可是我怕只是講故事有點單薄。」

「先做好一件事,再考慮做別的事。如果想要吸引注意,你只要把這個讓你覺得很扯的事講完,就應該很有看點了。你是一

個大老闆,輕鬆地說說故事,再從你的專業角度出發聊點切身體會,從這個故事一定能延伸出很多值得分享的道理。」

這位老闆犯的典型問題就是架構不清楚,想到哪寫到哪,像阿姨阿伯的碎碎念一樣,雜亂無章,其實要讓文章看起來有條理,用字不需艱深,也不用刻意堆疊複雜的邏輯,只要讓讀者輕鬆跟著你的思路前進。

除了「排序」要對,還有 3 個簡單又有效的方法:

1、善用連接詞和指示語

例如:「首先」「再者」「舉例來說」「相對地」「因此」等等,這些字詞就像路標一樣,清楚標示出你每個段落或句子的關係,讀者才不容易迷路。

2、每個段落只講一個重點

許多新手習慣一個段落塞很多想法,反而會讓讀者看得頭昏眼花。記得每個段落都是一個便當盒,一個段落只裝一樣菜,清楚又好消化。

3、前後要呼應,首尾做收束

無論你寫的是「總—分—總」還是「起—承—轉—合」,一

Chapter1──寫好文章,沒那麼難

定要在最後清楚地總結或強調你的重點。開頭提出問題或觀點,結尾記得再呼應一次。這樣一來,文章像個圓圈,能給人完整、圓融的感覺,讀者看完也能馬上理解你想表達什麼。

➕ 二、用具體取代抽象

不要寫太多抽象概念,應該用具體的細節來取代模糊不清的概括。為什麼有些文章讓人讀過就忘、沒有印象?多半是使用了太多空泛的語彙。以下分「說故事」和「說道理」兩個主題來談。

說故事:如何引人入勝

例如,說一個人「很善良」,光聽這種說詞,怎麼知道他真的善良?你應該描述這個人做了哪些具體行為,最後才下結論說你認為他很善良。清晰的畫面感比抽象的形容更有說服力。

舉個極端的例子,像是這樣的陳述:

> 我阿嬤是個善良質樸的人,我媽媽也繼承了她的個性,可是我媽媽的兄弟,也就是我的舅舅,卻差別很大,他自私又貪婪,全家人都拿他沒辦法。但是阿嬤對舅舅比較好,這也沒辦法,畢竟她思想較為傳統,有他做負面教材,我和弟弟都引以為鑒,希望活成更好的樣子。

欸,表面寫了一大堆,卻好像什麼都沒講到。阿嬤和媽媽怎麼善良?舅舅怎麼自私貪婪?負面教材是哪些事?「我」和弟弟怎樣做才是更好?

讀完之後,只得了個人物關係,卻摸不清發生什麼事,可謂「聽君一席話,如聽一席話」。比較吸引人的陳述,像是這樣:

> 小時候放學回家,阿嬤坐在門口曬太陽等著我們,她會從圍裙口袋裡掏出幾顆暖呼呼的地瓜塞給我跟弟弟,笑咪咪地問我們學校發生了什麼事。
>
> 有一次,隔壁家的狗生病倒在路邊,大家都嫌晦氣繞著走,只有阿嬤默默走過去,用自己的舊毛衣包住狗兒,輕輕拍著牠,嘴裡還念著:「可憐喔,會好起來啦。」我們從她的動作裡,慢慢懂了什麼叫善良。
>
> 媽媽和阿嬤個性很像。有一回隔壁劉伯伯家失火,媽媽第一時間跑去幫忙,還招呼他們暫住到我們家。那晚,媽媽把自己的床鋪讓出去,自己則睡在沙發上。我半夜起床上廁所,看見她縮在沙發一角蓋著薄毯,忍不住問她冷不冷,她只是擺擺手,輕輕說:「沒事,人沒事就好。」

> 　　但舅舅跟她們不同。每次阿嬤過生日，舅舅總是空手而來，卻帶著滿滿的禮物回去。有一次家裡分配阿公留下的老房子，舅舅鬧得整條巷子都知道。他指著媽媽的鼻子罵：「妳嫁出去就是外人，憑什麼跟我搶？」媽媽沉默不語，阿嬤只得嘆氣說：「就讓給他吧，誰叫他是我兒子呢？」
>
> 　　那天晚上，弟弟悶悶地對我說：「哥，我以後不想變成像舅舅那樣的人。」
>
> 　　我也點點頭，我們都明白，真正的人生教材不需勞煩苦口婆心的教導。舅舅貪婪的嘴臉、阿嬤溫暖的雙手，以及媽媽的那句「人沒事就好」，都教會我們希望自己活成更好的樣子。

　　加入具體事件後，故事是不是變得飽滿許多？關鍵在於，豐富的細節填補了空白的想像空間，可以引發讀者的共鳴。更多講故事的技巧，在本書第五章的「故事力」也會提到。

說道理：如何增加說服力

　　寫故事要寫細節，論述道理時也一樣，要避免讀來蒼白無力的「假大空」。也就是比起一味地丟出論斷，最好更著重於論述。

例如，很多人愛貓狗，捨不得流浪貓狗餓肚子，就去餵食沒有固定飼主的野生毛孩，可是其實這樣做並不一定是好事。

被問到為何不提倡餵養野生毛孩，模糊不清的回答可能是：「會造成野生貓狗越來越多！」「愛牠們就收養吧！」「廉價的愛心！」這類解釋，結果通常講了等於白講，因為人們多半無法被空泛單一的理由說服。

這時候就要費點心神把每條理由展開，每條論述之後，盡可能地補足可能遭遇的駁斥。很多人以為說理像吵架，非要爭到你死我活，我反而認為，說理其實是一種非常需要同理心的過程，必須時不時站到對面的立場去想，才有辦法產生說服力。

例如說到「避免過度繁殖」，對方可能就會反駁「我餵的是已結紮動物」；說到「公共衛生問題」，對方可能會反駁「我沒有留下垃圾」。

為了避免對方這種鑽漏洞式的辯駁，論述要把握住兩個要點：一要講得全，二要講得深。同時，多用程度精確、語氣和緩的詞彙，少用絕對、攻擊性的詞彙，用「可能」「有些」「高機率」「容易」取代「一定」「所有」「必然」「就會」等等。

餵食野生貓狗的可能潛在問題
1、**族群過度繁殖**：有穩定食物來源的情況下，野生

Chapter1──寫好文章,沒那麼難

> 或流浪動物容易繁殖得更快,導致數量不斷上升,進而引發更多社會與生態問題。
>
> **2、干擾生態系統:**野貓野狗可能會捕食原生動物(像是鳥類、爬蟲類等等),進一步破壞當地的生態平衡。
>
> **3、公共衛生問題:**食物殘渣容易吸引老鼠、昆蟲,造成衛生問題;未打疫苗的流浪動物也可能傳播疾病(如狂犬病)。
>
> **4、影響鄰里關係:**餵食的地點如果是在公共區域,容易引起鄰居不滿,覺得有噪音或環境變髒。
>
> **5、可能誤導動物:**餵食會讓流浪動物依賴人類,不再主動覓食,甚至聚集在特定地點導致衝突(像是攻擊路人或爭食)。

較全面地囊括理由,同時盡量避免使用太過絕對的說法,說明這是一個「有可能」發生的情況,而非「100%必然」發生,一定程度上杜絕了失焦的爭論。

充滿說服力的宣導文章,通常還會講一個真實的故事。例如以前不懂事餵食野生毛孩,反而使野鳥大量喪生,配上「看著路面上鮮血淋漓已斷了氣的野鳥屍體」之類的自白,令眾人感到義

憤填膺。雖然有些煽情，確實是提升影響力的高招。

如果要再詳實一點，可再加上研究人員關於生態系統的統計數據等等，不過冷冰冰的數字往往還沒煽情的故事能打動人心，畢竟多數人是被感性腦主宰的。

我們不能忘記，人本來就分很多種，有人偏感性也有人偏理性。說服多數人，適合用說故事的方式，對剩下一部分人，條列式理由或許更有效果。所以，為了說服最多人，我們何不把兩種方式都一起用上呢？

如此一來，可能要多花些篇幅才能面面俱到，可是世界上有很多道理，本來就很用難三兩句話講清楚。有些事物的真相甚至和直覺認知到的剛好相反，讀過《異數》（Outliers: The Story of Success）或的《蘋果橘子經濟學》（Freakonomics）的人應該深有體會，這兩本書傳達的真相，都遠不是幾句話能勾勒完整的。

讀書毫無疑問是增強論述能力和理解能力的最有效方式。寫作增強條理，閱讀深化思考，兩者互相促進。我相信只要有機會經歷過幾次「深掘知識後恍然大悟」的感覺，認知能力將大大升級，今後在溝通領域，不僅不容易被膚淺的表面所迷惑，也能以開放的心胸接納與原來不同的想法。

其他有趣又能翻轉認知的書，我還推薦：

- 麥爾坎‧葛拉威爾（Malcolm Gladwell）的所有作品
- 哈拉瑞（Yuval Noah Harari）的人類三部曲
- 魯爾夫‧杜伯里（Rolf Dobelli）的藝術三部曲
- 古倫姆斯（David Robert Grimes）的《反智》（The Irrational Ape：Why Flawed Logic Puts us all at Risk and How Critical Thinking Can Save the World）
- 納西姆‧尼可拉斯‧塔雷伯（Nassim Nicholas Taleb）的《反脆弱》（Antifragile: Things That Gain from Disorder）
- 大衛‧愛德蒙茲（David Edmonds）的《你該殺死那個胖子嗎？》（Would You Kill the Fat Man? The Trolley Problem and What Your Answer Tells Us about Right and Wrong）
- 朗‧富勒（Lon L. Fuller）的《洞穴奇案》（The Case of the Speluncean Explorers）
- 艾瑞克‧J‧強森（Eric J. Johnson）《選擇，不只是選擇》（The Elements of Choice: Why the Way We Decide Matters）

✚ 三、創造節奏感

　　為什麼有人說話讓人昏昏欲睡？可能是語氣太平緩、發音缺乏抑揚頓挫。能引起關注又順耳的講話方式，和聲音是否悅耳沒有太大關係，和用詞、語氣、頓點更有關。

　　口語表達如是，同樣在寫作的範疇，有人的文筆流暢，不知不覺就看完了，也有人的文筆「卡卡的」，讀起來很累。而你知道，想令文字變得更易讀，其實也可以講究抑揚頓挫嗎？

　　寫文章如同唱一首歌，發聲方式和頓點對了才會好聽。如同之前所說，要令讀者在讀到任一段落隨時都能意識到處於何種階段，就像唱歌唱到副歌、或即將結束，「節奏感」是不得不掌握的訣竅。

　　文章的節奏感可以運用長句和短句創造，像我們說話一樣，如果每一句話都是像念經似的同樣長度，聽者很快就會感到疲乏。因此，在寫作時要有時用長句，有時用短句；有時用長段落，有時用短段落。句號與段落之間的停頓，能給讀者喘息和思考的空間。相當於說話時語氣的強調和停頓的使用。

　　例如論述過程中，接二連三的排列理由時，採用長的段落；說到重要、值得注意的想法時，採用短的段落。

　　受過訓練的人類，眼腦很聰明，遇到長段落組成的區塊，會

Chapter1——寫好文章，沒那麼難

加快閱讀速度，有時只用瀏覽、擷取關鍵字的方式來吸收資訊。這時有可能因此忽略重點。可是遇到短段落時，卻會自動放慢速度，當下氣氛好像都跟著變化了，做好了準備洗耳恭聽作者下的結論。

長句、短句，是段落裡的節奏再細分的單位，可以把它想像成樂曲中的音符和休止符。

長句，像是一串連續的旋律，由多個音符串聯起來，可以描繪複雜的情緒、鋪陳完整的觀點，讓讀者像聽眾一樣，隨著語句的延展進入某種氛圍。短句，則像是節奏鮮明的鼓點，簡潔有力。它的出現如同強拍落下，令人精神一振，用來點出重點、轉折、帶來情緒的震撼。

句號是休止符。留白，讓人回味。停一下，下一句更有力。學會如何控制句子的長短、段落的配置、標點的使用，你就像是一位指揮家，能夠引導讀者的情緒節奏。

糟糕的節奏感，難以引導情緒。想像一下，如果一封情書，最重要的告白不僅參雜在長段落裡，還和其他的長句黏在一起，會不會感覺很怪？

節奏很怪的情書 1

你可能不知道你的笑容對我來說就像冬天的暖陽，

> 每次看到你就讓我滿心洋溢著抑制不住的幸福,雖然礙於認識的時間不夠久而且我比較害羞的關係所以你對我的認識肯定還不夠深,希望你可以給我機會讓你知道其實我是個不錯的人,我會全力以赴付出我的真心誠意給予你幸福因為我真的很喜歡你。

上面這個妥妥的長段落＋長句的 combo,讓人看了喘不過氣吧?而且應該出現標點符號的位置卻沒有給予停頓,不僅壓迫感強,還給人一種不太聰明的感覺……如果大量運用精簡的短句呢?

> **節奏很怪的情書 2**
> 你不知道,你的笑容,是冬天的暖陽。看到你,我好幸福。雖然認識短暫,我比較害羞,請給我機會,我真的不錯。我會全力以赴,給你幸福,因為喜歡你。

好像有好一點,但還是好怪,每句話都像均勻敲擊的鼓點一樣,短句充斥反而整體表意變得索然無味,令人懷疑筆者有沒有投入真情實意,怎麼散發一種「你答不答應我無所謂喔」的淡薄態度?這樣的告白真的會成功嗎……

Chapter1──寫好文章，沒那麼難

兩封信的最大問題都在於節奏感不恰當。當然，情書的措辭一定有很大改進空間，為了說明改善節奏感可以獲得多大的成果，我們這裡以第一封信為範本進行重新排列，並加入適當的連詞過渡。大概會像是這樣：

> **節奏很怪的情書 1──改進版**
> 你可能不知道，你的笑容對我來說就像冬天的暖陽，每次看到你，就讓我滿心洋溢著抑制不住的幸福。
> 雖然礙於認識的時間不夠久，而且我比較害羞的關係，所以你對我的認識肯定還不夠深。還是希望你可以給我機會讓你知道，其實我是個不錯的人。
> 我會全力以赴，付出我的真心誠意給予你幸福，因為我真的很喜歡你。

長短句交錯的分配後，把重點要傳達的心意獨立成一段，是不是感覺好多了？既不會讓人感覺很壓迫，也不至於擺出太置身度外的態度，得宜的分段營造了認真、誠懇的氛圍。

關鍵在於排列出資訊的優先次序，越是重要的事，越要慢慢說，請運用「不同大小的文字區塊」，有意識地控制讀者的閱讀速度吧！

既然提到文字區塊這個概念,這裡忍不住要說上一嘴。

蔚為流行的商業寫作風格迷思

著手寫此書的 2024 年中到 2025 年初這段時間,台灣網路上流行起了一種長文寫作風格:

1. 文字能精簡就精簡,連用「可以」或「能」都要計較
2. 完全不採用長段落,幾乎全篇文章都是一行一段,甚至比較長的句子,在逗號後面換行
3. 頻繁的小標題和條列式重點(Bullet points)

這類文章通常是書籍、會議的摘要,或是表達特定觀點,因為字數精簡、排版便於閱讀,常得到不錯的迴響,有講師以此為賣點授課教人遵照此風格寫作,歸類為「商業寫作」。

商業寫作派別主打一個文字精煉,把文藝感降到最低,且耳提面命的總結標題,確實能讓網路讀者即便注意力所剩無幾也能輕鬆無礙地吸收資訊。這種風格的支持者認為,好的網路文章應該能讓人掃一眼馬上能抓到重點,以此為目的打造出上述格式。

但我必須不客氣地說,這種寫法與其說是給寫作加分,倒不如說是想方設法隱藏缺點罷了,不是加分,只是「不扣分」。

1、怕讀者分心讀不完,所以惜字如金

可是,表達難道一定是越少字越好嗎?好的商業寫作怎會不

能融入文藝感?雖然文章篇幅短小可以節省讀者時間,可是,文章讀起來順不順,其實和字數沒有太大關係,而是跟「用詞是否口語化」以及「節奏感」有關。

大腦閱讀的過程,是把文章拆解為段落、段落拆解為句子、句子拆解為字詞,再逐一「解壓縮」的過程。閱讀的快慢取決於解壓縮的速度,那身為作者,可以怎樣讓解壓縮變得容易呢?答案是良好的節奏感。事先把零散的資訊按照層級以篇幅長短分門別類,讀者就能一眼識別出該如何分配注意力。

如果沒有用長短句布置節奏,而且省略過渡語句、使用生僻艱澀的詞語,就算文字濃縮到再少,還是會拖慢解壓縮的速度,並沒有讓閱讀變得輕鬆。因為讀者可能讀一讀就會感到沉悶或卡住,心想:「哪句是結論?現在講到哪了?這個詞是什麼意思?」

冗言贅句會造成理解障礙,但文章絕不是越少字越好,作者需要拿捏一個平衡。有時候還有詞彙豐富度的問題,老是使用同個詞會令讀者膩煩。對字數斤斤計較到連用「可以」或「能」都要考量孰優孰劣的程度,未免太超過了。

2、怕讀者抓不到重點,所以羅列一堆標題

文章的標題多到短短不到千字內竟有七八個,會不會反而打亂閱讀流暢度?我們已經很習慣看到新的標題,就直覺認為接下來代表另起一個話題、一篇新的文章。因此 8 個標題,就代表文

章分成 8 個部分。

可是作者捫心自問,短短的文章裡真的有那麼多重點嗎?請注意,你使用的標題越多,就越會把文章的「力道」分散掉。

假設你在寫一篇關於房價高漲的社會報導,其中開頭房價現況描述的篇幅佔 10%,回溯歷史的篇幅佔 20%,追究原因的篇幅佔 40%,專家意見的篇幅佔 20%,結論的篇幅為 10%。這篇文章若只有 2000 字,下 4 個標題已經相當於把 200 ~ 800 字分成一部分。有些作者會覺得,第二部分原因有 3 個,再加 3 個標題,第三部分有 2 個專家,所以再加 2 個標題。結果,整篇文章共有 9 個標題。

文章不一定會更好讀,可是聽起來恐怕沒什麼必要吧?原本的脈絡已經很清晰,再多加搞得像幼幼班導讀似的。而且,如果標題沒有下好,搞不好反而有增加誤解的風險。

3、省去論述過程,用條列式重點硬塞一些似是而非的見解

如果你想練好寫作,這是最糟的方式。條列式重點之間沒有節奏感和邏輯關係可言,前後排序可調換,寫下的思考過程是發散的,雖然湊個十條八條能夠製造資訊量大的錯覺,這類網路文案也確實容易被轉分享,但是於作者而言,一旦習慣一條一條的寫東西,就等於放棄了論述結構。

條列式在陳列諸如「10 種稱讚人的方式」或「改變習慣的

5個步驟」之類的資訊，方便一目了然，有其優勢，可以讓你快速嚐到甜頭，但最好只作為輔助手法在文章內使用，不要常常當成完整文案來發布，它對於寫作能力沒有太大幫助。

吐槽完以上3個寫法的劣勢，我要再次強調，這種風格的寫作手法不是不好，然而它沒有加分效果，充其量是迴避缺點。也許可以輕鬆達到75分，但我們的目的不是75分，以寫作為志業的各位應該要以90分以上為目標，從一開始就不要把自己放到這個框框裡。

在我看來，這種寫法還有一個致命缺點，就是捨棄節奏感，導致個人風格被大幅度弱化。

為什麼說缺乏個人風格很致命呢？我不諱揭露一個殘酷的事實：和市面上那麼多的寫手競爭，你說做到「觀點獨特」容易走紅，還是「寫得好」容易脫穎而出？

當然是「寫得好」。畢竟想法雖然容易產生，能否寫得讓許多人心服口服卻完全是另外一回事。

如果你做的是摘錄資訊的搬運工，寫得好就夠了。如果你不是搬運工，仍然是寫得好就夠了。因為只要能寫得好，哪怕老生常談、新瓶裝舊酒，讀起來都是別有一番風味。

喜歡你的讀者，要的就是這股風味。人哪來那麼多別出心裁的想法啊，末日預言滿天飛，為什麼就是有一群人愛聽

YouTuber「老高」？財經電台那麼多，為什麼有一群人偏要聽「股癌」？其實是愛他們的風格，愛他們的口吻和節奏。

節奏感是個人風格的一大要素，隨便把它捨棄了，不就相當於把決勝武器丟到一邊不用嗎？只因可能使不好武器就空著手上戰場，未免太可惜了。所以，比起採取迴避缺點、確保不犯錯的風格，我鼓勵你應該勇於跳出框框，積極學會武器的用法以發揮最佳戰力。

✚ 四、口語化且易懂

在寫非文學類的、給廣泛讀者閱讀的文章時，應該盡量使用口語化且易懂的表達方式。

何謂口語化？顧名思義，你怎麼說話，就怎麼寫。

人的說話之所以比文字好吸收，因為我們先天由發音來學習語言，而且口頭上的字彙往往簡單得多，例如寫文用的是大學生程度的字彙，說話用的多是高中生程度的字彙。

在專業或文藝領域，也許面向的讀者具備相應的素養，作者為了表意更加精確，選用困難冷僻的字彙也不成問題。可是面向大眾的文章也這樣做的話，可就會吃鱉了。螢幕上閱讀不如紙本舒適，而且網路文案需要和千百種資訊來源爭奪注意力，理解門

檻降得越低越好。

對,門檻越低越好,所以你也不用覺得奇怪,為什麼迷因圖和幾句幹話容易瘋傳出去。

文縐縐的筆觸在網路不受歡迎,可是這不意味著深度資訊沒有市場。

我的臉書上有無數篇三四千字的文章,講的主題不算太通俗,多半關於經濟、科技、社會,卻都能拿到高達好幾千讚和好幾百則分享。它們的共通性是像說話一樣的寫作風格,很口語化、容易懂。

每次寫完後,你可以自己把文章念出來,感覺是否順暢。如果覺得繞口或難以理解,那麼這篇文章就需要再修改。你也可以請他人閱讀你的文章,像煮菜一樣,自己嚐不準鹹淡,別人才知道味道如何。這樣反覆練習、取得回饋和改進,寫法就會慢慢變得口語化了。

把文章寫得好懂有很多技法,你不妨參考我最常用的3種:

1、用字簡單化

例如表達「困難」這個意思,你可以寫「不好搞」「比登天還難」「很難」「困難度高」「艱深」「艱鉅」,這些形容都分別呈現了不同的口語化程度。比起「艱鉅」,「不好搞」是簡單

得多的用字。

2、多用疑問和感嘆句

展開解釋之前,先丟疑問句,例如:**「為什麼用疑問句開頭呢?因為這就像安插了個路標,你會知道接下來就是針對這個問題做解答,不會看半天摸不著頭腦。」**

而感嘆句則可用於結論之後的再次強調,適當地安排問號和感嘆號在文章中,同時可以作為喘息空間。**你看,這樣變得好懂多了吧!**

3、結合對話或貼近生活的譬喻

我的文章常常涉及一般人不太接觸的知識領域,而我發現最能解釋清楚的方式,是提出大家都能感同身受的事例。以我2025年1月6日在Threads上獲得6000多讚、300多分享的貼文為例,這篇文章試著解釋股市和物價的關係。

> 今天台積電股價再創新高。一個朋友跟我說,台股怎樣關他屁事。
>
> 我想了想,決定放棄解釋太複雜的理論,就悠悠地說:「你覺得股票關你屁事,可是台灣很多人買股票,

Chapter1——寫好文章，沒那麼難

> 很多人會變得有錢。那些比你有錢的人，會買走你想要的房子，墊高房價；他們會大手大腳地買走任何你想要買的民生用品。老闆發現東西賣得這麼好，就會以價制量，所有的東西都會漲價。最後就剩下沒有買股票的你，什麼都買不起了。所以你說，關你什麼事？」
>
> 他的瞳孔震動了一下，似乎懂了什麼。
>
> （所以新竹房價漲得比台北快）

同時結合「關他屁事」「瞳孔震動」之類的親民用語，這篇文章有故事、有對話、有知識，對經濟學的解釋也比較貼近生活，讓人一讀就懂。

每個人的知識雖然有限，但凡是人多少都具備想像力和共感力，無論多麼複雜的理論，只要試著舉一個對方親身經歷、能自動帶入想像的案例，就能夠輕易把道理點通。

雖說寫作通俗化能夠適應盡量多的觀眾，可是必須提醒一點，口語化和譬喻或多或少會歪曲原來的意思。就像上面的例子，用一般人比較能理解的說法解釋股市和物價的關係，即使不算錯誤，還是有簡化的成分。

因此，就算這樣寫讓讀者容易 get 到，不能無視它犧牲了一部分準確度，這也是許多科普作者容易被詬病的地方。身為作者

務必要戒慎恐懼地把握平衡,或是負責任地補充說明。

如何用簡單的字詞做出精準表達呢?很考驗文字功底的語感和字彙量,我個人認為有一招特別有用:讀中文的文學作品。

台灣的書市超過八成都是翻譯書,許多作者看習慣了,不知不覺養成一股僵硬的「翻譯腔」,我自己也無法避免。實際上中文的文法非常靈活,有時不嚴格遵從英文句式結構,適度簡略、倒裝,反而讀起來更順更有風味,加上活用成語、俚語,能為表達增添數不盡的趣味。推薦大家平時無妨多多捧場原創文學,就算不喜歡故事,懷著培養語感的目的也值得一試。

讀的東西會化作你寫出來的樣子,想要精通自己的語言,比起翻譯作品,多看些中文母語者的創作會很有幫助。

推薦我尤其喜愛或印象深刻的中文作品:

- 侯文詠《沒有神的所在:侯文詠帶你閱讀金瓶梅》
- 韓寒《1988:我想和這個世界談談》《出發》《青春》
- 陳玉慧《徵婚啟事》《海神家族》
- 張惠菁《你不相信的事》
- 張愛玲《半生緣》《小團圓》
- 李碧華《霸王別姬》《胭脂扣》
- 金庸的武俠小說系列

✚ 五、正向思想與內涵

　　我年輕時看不起心靈雞湯，不是對生活不滿，只是覺得滿口感恩愛戴明天會更好的思想，老氣橫秋了無新意。相比起來，挑戰世俗的嗆辣內容好玩多了。

　　想來是年輕時太血氣方剛惹的禍吧。現實生活裡不喜和他人起衝突的我，卻克制不住在網路上嘴賤，就連最早拍攝的系列YouTube影片都是以毒舌著稱，有人說我負能量，我那時還不解，心想耍嘴皮子多好玩啊，幹嘛蓋負能量這麼難聽的帽子？

　　我現在也很喜歡開玩笑，但終於漸漸意識到，把話說得好聽圓融有多重要。

　　活在這世界上，難免有看不慣的人事物，不等於有什麼想法有必要直白說出來。因為只要說出來，就是在挑釁與自己看法不同的人，像是我認為某部電影很難看、某家餐廳很難吃，即便大部分人認同，還是一定有喜歡的人。

　　把「討厭」說出口，並不會讓原本「喜歡」的人改變看法，單純召喚來與「討厭」的情感共鳴的人。開批鬥大會好像很爽，可是有任何正向意義嗎？只是造成傷害而已。

　　「說出來很好啊，讓大家都知道XXX有多爛！」

　　是的，如果是一個公眾人物或企業品牌犯了嚴重的罪，明明

罪無可赦，可是大眾因資訊落差被蒙在鼓裡，這時候勇敢揭發真相、發起抵制，有助於促進公平正義。

然而，我們評論的大部分事物並沒有觸及價值觀的底線，像是喜不喜歡什麼作品之類的，他人與我們的看法差別，有時候就只是審美不同。

你不喜歡他不是因為他犯了什麼錯，就只是你不喜歡，與其對他發起攻擊圍剿，不如用更大的聲音說出你喜歡什麼、支持什麼，推廣大家一起來喜歡，不是比較有意義嗎？

「呃，為什麼要追求意義，好玩不就好了？」

這個道理我花了蠻久時間才想通，年紀越大我越發現，**要給世界「加分」而非「扣分」**。

扣分很簡單，皺皺眉、嫌幾句、發個抱怨文，人人都會。但要加分，需要一點努力，要先去同理，選擇表達方式，甚至願意忍住不講，都是在對世界友善。這樣的力量不見得張揚，卻有一種潛移默化的影響。

年輕時以為犀利的評論是聰明、有見地的象徵，後來才體會到，真正厲害的人，是能看穿一切後仍選擇溫柔以待。

做一個「加分」的正能量的人，不是矯情也不是盲目樂觀，而是選擇性地把注意力放在建設而非摧毀上。人際關係也一樣，當你習慣性地批評別人，無論是不是「說得有道理」，都會逐漸

吸引到同樣喜歡批評、喜歡拆解別人的人,然後你會發現,今天你們一起吐槽別人,明天你就變成他們吐槽的對象。你以前怎麼大殺四方,有一天就會被萬箭穿心。

因為能量是互相吸引的。

反過來,當你習慣看到別人的好,習慣稱讚、鼓勵、推廣那些值得欣賞的事物,你也會吸引到同樣眼光正面的人。他們不會只注意你做錯什麼,而是會看到你有多努力真誠。這種關係能長久,是因為彼此在加分,不是在比誰錯得比較少。

我不是說要壓抑自己不能誠實。有些情緒該說還是要說,但可以選擇方式也可以選擇場合。更重要的是當我們把能量花在提倡與創造,而非攻擊與排斥,生活會輕盈很多。

你知道自己在幹嘛,知道自己在為這個世界添一點什麼,而不是減去一點什麼。有一天我們都會老,都要回顧自己一生到底做過什麼。到那時候我希望自己能說,我曾經在一些時候,給了一點光、一點溫暖。

反映到你的文字上,若思想和內涵是正向的、能對社會造成積極影響的,無論你的文筆好壞,散發出來的能量才會吸引人。

網路上龍蛇混雜,負面思考的人非常多,也有那種專門靠罵人和吵架炒流量的粉專,可是想要走得長遠該怎麼做,問問你自己,想成為什麼樣的存在?

推薦一些讀了能引發正向思考的精彩好書：

● 路斯・羅伯茲（Russ Roberts）的《身為人：從自利出發，亞當・斯密給我們的十堂思辨課》（How Adam Smith Can Change Your Life: An Unexpected Guide to Human Nature and Happiness）

● 馬丁・塞利格曼（Martin E. P. Seligman）的《真實的快樂》（Authentic Happiness）

● 強納森・海德（Jonathan Haidt）的《象與騎象人：全球百大思想家的正向心理學經典》（The Happiness Hypothesis: Finding Modern Truth in Ancient Wisdom）

● 阿圖爾・叔本華（Arthur Schopenhauer）的《人生智慧箴言》（Aphorismen Zur Lebensweisheit）

● 塞內卡（Lucius Annaeus Seneca）的《論生命之短暫》（On the Shortness of Life）

● 多利・克拉克（Dorie Clark）的《長線思維：杜克商學院教授教你，如何在短視的世界成為長遠思考者》（The Long Game: How to Be a Long-Term Thinker in a Short-Term World）

● 布魯斯・費勒（Bruce Feiler）的《人生故事專案》（Life Is in the Transitions）

Chapter 2

文字
如何產生收入

會寫文章不等於會經營社群,
會經營社群也不等於會賺錢。

光是「想寫」不夠,要有人「想看」。
因此從選題開始,
就要考量你創作的內容有多少人想看,
以及他們是否願意付費。

網路如此發達的現在,除了每個人每天接收的資訊量比起從前成倍增加以外,敲鍵盤寫作的機會其實比以前多得多了,能夠寫好文章的人非常、非常多。

　　問題在於:會寫文章不等於會經營社群,會經營社群也不等於會賺錢。

　　這本書的最主要目的是幫助你解決以上兩個問題。那麼,把寫作當成事業來經營的成敗分水嶺,當然在於如何提高「互動率」和「變現率」兩個數據。

　　互動率是指你的讀者中,有多少比例讀完後決定追蹤、按讚、留言、分享。無論經營的族群大眾或小眾,該數據是你在該領域內的影響力指標。

　　變現率是指你的讀者中有多少比例會成為消費者、實際付錢給你。該數據展現了你的內容在市場中產生的對價高低。

╱選題！選題！選題！

　　我發現有好幾個學員,在社群上連載小說、寫日記,儘管我再三提點「社群經營並不適合這類文體」,他們卻難以割捨。其實他們的文筆不錯,可是每個人在網路上有那麼多東西值得關

注，為什麼要關注他們？你的小說再好看，有專業人士認定的得獎小說好看嗎？你的生活再精彩，關陌生人什麼事？

讓我先釐清一個非常重要的觀念：**任何職業能在市場上存活，都是因為滿足了特定人群的需求**。成為職業作家的第一步，是寫出有價值的內容；而有沒有價值這點，是由讀者來決定的，作者的任務是敏銳察覺到讀者的需求。

光是「想寫」不夠，要有人「想看」。因此從選題開始，就要考量你創作的內容有多少人想看，以及他們是否願意付費。

這樣說好像滿滿的銅臭味，可是說白了，你想要以寫作為事業，不就是希望能賺錢嗎？如果不希望賺錢，那你利用業餘時間，愛怎麼寫就怎麼寫，不用在意社群有沒有迴響，而且何必買這本書來看呢？以商業寫作為職業，就要抱著「不只學習寫作，也要學習商業」的覺悟。

我如何靠寫作維生

我早期在臉書上翻譯好玩有趣的外電新聞，這類內容只有少少流量，既沒有凸顯我的個人價值，也不可能變現。中期轉型為YouTuber，因流量巨大，得以賺廣告業配收入，知名度一度抵

達高峰，讓我怠惰了一陣子，沒有思考過可持續的商業模式。

等我因病再回來粉專寫文章，主要分享個人日常，雖然互動率高，卻沒辦法帶來更多讀者。粉專比較像是封閉的粉絲俱樂部，而且隨著我不再透過影片曝光，名氣慢慢被消耗掉，不具備多高的商業價值。

從 YouTube 打響知名度的我，沒辦法透過寫作維生，創作生涯就等於被判了死刑。面對困境，我不得不重新思考寫作的方向。剛好在那段時間，我開始研究財經，同時也持續閱讀我最喜愛的社會人文書籍，一邊實踐一邊做紀錄，原本只是希望試著寫出「不管是不是我的粉絲看了都能受用」的文章，沒想到漸漸養成一群願意閱讀深度資訊的高素養讀者。

無法拍片，我就上傳只有聲音檔的 Podcast，提供給大眾長時間的資訊交流體驗，於是隨著各類線上課程的風潮來襲，我成為多家課程平台樂於合作的夥伴。有越來越多的案子之後，家電、日用品的廠商也紛紛表示想和我合作圖文業配和團購。

轉型到文字工作後的第 3 年，我每月平均業配收入從 0 成長到超過 15 萬，如果我沒有早點意識到「記錄日常」這條路行不通的話，是不可能走到這步的。

當然，日常類圖文作家並非沒有市場，像是團媽、情侶部落客，只是寫寫生活趣事就能吸引粉絲關注，業配成績也是嚇嚇

叫。只是那些路線在我身上不適用,也剛好因為我不是吃喝玩樂咖,我選擇寫雖然小眾可是相對稀缺的內容,令收入更加多元化,不用依賴品牌發案。

我選擇的是「財經」和「社會」主題,屬於不至於太冷門、必定有市場,並存在一定知識門檻的領域。以此為基調,可以談職涯規劃、投資理財、經濟景況、社會議題,衍生出許多吸引人消費的品項。

選好題目之後,還要精益求精,不斷擴充社群影響力。從純粹分享知識到與時事結合,慢慢打磨出一套高互動率文案的公式,也是我後面會分享的精華。

你不一定要寫財經,但本書接下來總結的各種方法在各領域是通用的。我的重點是:想要存活下來,流量是基礎,你必須以滿足市場需求為目標,精心打造自己的內容!

到底要寫什麼,我給的建議是「三要」:

1. **要寫自己感興趣的:** 很少人能一炮而紅,沒有愛怎麼堅持得下去呢?
2. **要寫自己擅長的:** 一知半解的東西,要怎麼寫出心得?
3. **要寫別人想看的:** 沒人想看的東西,只能寫來自嗨。越多人想看的東西,市場競爭越激烈,也意味著餅越大。這題沒有標準答案,衡量清楚你的主題定位是什麼?

相信你平時在社群網站上滑來滑去，一定觀察得到什麼樣的粉專好多人按讚、業配接不完讓人羨慕……所以如果完全沒有頭緒，最簡單的方式就是參考自己喜歡的作者。

別誤會，不是叫你直接拷貝！但你可以做出舉一反三和拼接組合，例如喜歡「德州媽媽」結合人生經驗談育兒的嗆辣幽默風格，加上「我是馬克」的上班族甘苦談，結合之後變成「嗆辣風格的上班族甘苦談」，是不是感覺不錯？

你想談的主題，就算已經有很多社群在談了，只要能展露特色、另闢獨特的觀點，也一定能在市場佔有一席之地。畢竟不要忘了，大多數人是喜新厭舊的，你永遠有機會抓到人們的注意力，至於流量能維持多久，就靠個人造化。

以未來能有商業變現為目的，流量為基礎，能衍生出對價的內容是最棒的選題。

關於選題對不對，有一個簡單的衡量標準：「如果是我，想看這樣的內容嗎？會願意買嗎？或是為了支持這個作者，我想買他推薦的東西嗎？」

如果連你自己都沒有興趣，也覺得不可能掏錢包消費，就該再多多考慮了。以此標準來看，你就知道難怪為何翻譯類、搞笑迷因類、罵人刷存在感的社群，儘管受眾巨大、流量不俗，可是變現率很低，原因在於作者難以建立信用和對價感。

Chapter2——文字如何產生收入

好，憑藉著精準的選題和迷人的文采，恭喜你終於收穫了一批穩定的讀者，而且關注度在不斷上升！接下來我們就切入正題，來談談怎麼把追蹤者的數字換成錢錢吧。

收入的模樣

不知道看這本書的你幾歲了？如果是年紀稍長的人，應該會直覺地想到利用文字來產生收入最普遍的方法就是：出書。

以往，有些作者出書之前，會先在報刊雜誌上撰寫專欄或連載作品，從而獲得稿費。那麼出版社是如何賺錢的呢？報刊雜誌本身的定價並不高，主要收入來源是平面廣告。簡單來說，從很久以前開始，文字創作者的收入來源實際上就是廣告。只是那些需要交稿由出版社出版曝光的作者，不必自行洽談廣告商案。隨著平面媒體逐漸式微、網站與部落格時代來臨，廣告仍然是許多作者最低門檻的收入模式。

因為有許多人把注意力聚焦在媒體上，有人流就代表你獲得了他人的關注；商家將廣告投放在這裡，就有可能促成銷售，因而願意為此付費。

➕ 網站廣告收入

說到這個廣告,一定需要經紀人或出版社出面去接案嗎?其實你不需要有忠實的粉絲,只要網站、部落格有人來看,那就是有「流量」,商家把廣告放上來也許可以賣點東西,就願意付費給你。那你就可以有廣告收入了!而且,不一定要等別人發案給你,哪怕你的網站只有三兩隻小貓的流量,就有資格掛廣告。

Google 這個全世界最著名的搜索引擎,從推出「關鍵字廣告」這項超大金雞母的業務後,營收年年攀升。那時他們的一大創舉,就是開放任何網站站長或是部落客都可以去申請一個 Google Ads 帳號,把源代碼嵌入(embed)自己網站之後,只要網站有訪客來觀看或點擊廣告,站長就能賺到廣告分潤。

被嵌入網站的程式碼,會根據站長在 Google Ads 管理後台登記的關鍵字,以及 Google 爬蟲爬完網頁內容後推算出來的內容,為訪客秀出不同的廣告,不同身分不同時間造訪的訪客,也會看到不同的廣告。

關鍵字廣告在十多年前是了不起的發明,在此之前的網路廣告多半是靜態固定的。Google 後來也把這創新技術運用在影音平台上,獲取巨大收益,成為全球最大的廣告公司(是的,它是一家廣告公司),並且養活了一大批內容創作者,從前的部落客

到現在 YouTuber……後來他們推出 YouTube Premium 會員，讓不想看到廣告的觀眾獲得更好的體驗。這樣既可賺商家的錢，又賺使用者的錢，兩頭賺的如意算盤打得真響！

架設網站或部落格的收入管道不只 Google Ads，時有品牌會主動找尋部落客置入業配，再或者部落客也可主動置入聯盟行銷等等，後兩者的收入往往超過前者，但是在早期無人問津時，關鍵字廣告的小小獎勵往往能支撐作者持續創作，我認為這是有必要了解的其中一項收入。

因為 Google Ads 的酬勞計算方式是流量和點擊率，所以人流不佔優勢的作者一定會覺得很難賺。對於主題專注、文字變現能力很強的作者，**聯盟行銷**——也就是推薦服務或產品以取得分潤的商業模式，可能更加有利。

我的 Podcast 節目《冏冏電台 文字與資本主義》曾採訪過旅遊和財經部落客蕾咪，據聞，她創業之前就靠著聯盟行銷達到每月 30 萬新台幣的被動收入，可說是非常驚人，這樣的成績她只努力了一年左右就達成了。

而且，那個時候的蕾咪尚未創立 YouTube 頻道，30 萬被動月收「完全」是用寫文章達成的；如果加上廠商主動發案那些主動收入的部分，總入帳的金額更高。有興趣了解的讀者可以去聆聽那集的故事。

說回關鍵字廣告。關於網站多少流量可以賺多少錢,我沒辦法用一個公式告訴你,因為不同類型的網站即使流量相同,收入也可能不一樣。

・**不同類型部落格的流量與收益比較**

部落格類型	月流量(人次)	月收益(USD)
時尚、穿搭教學部落格	約 12 萬	360 ~ 400
樂器、樂譜網站	約 35 萬	2,200 ~ 2,500
旅遊部落格	約 25 萬	1,200 ~ 1,600
生活、趣事分享類型部落格	約 8 萬	100 ~ 150
個人部落格	約 5 萬	70 ~ 90
小型自媒體網站	約 60 萬	4,500 ~ 5,500

廣告分潤的差異

不同主題類型的網站透過 Google AdSense 獲得的廣告分潤可能存在差異,原因主要有以下幾點:

1. 廣告主的出價策略

不同行業的廣告主對於點擊率（CPC）或每千次展示成本（CPM）的出價會有很大差異。例如，金融、法律和健康相關的網站，消費者傾向於買高價商品，由於其潛在的轉化價值較高，廣告主願意支付更高的價格來吸引這些領域的流量。而相對地，娛樂或生活方式類的網站，可能因為轉化機會較少而獲得較低的出價。

2. 用戶參與度與行為

用戶行為決定成效，不同網站吸引的讀者與其行為大相逕庭。例如，針對專業人士的技術部落客，讀者往往帶著明確需求來訪，這使得相關廣告更易獲得點擊；反觀娛樂網站，讀者多為消遣而來，點擊廣告的意願則相對低迷。

3. 內容品質與關聯性

內容品質與廣告的契合度，是 Google Ads 評估投放效益的關鍵。精雕細琢的內容，不僅能留住讀者，更能促進廣告的互動。

類似的道理，我曾經寫過文章探討 YouTube 廣告收益的分配邏輯，旨在解釋 YouTube 財務流向，資金源頭乃來自於選擇在此平台上投放廣告的客戶。

YouTube 上的廣告投放不是隨意安排的。當客戶透過 Google Ads 購買廣告時，他們需要提交廣告內容及指定關鍵字，

這些資訊隨後被 Google 用於將廣告與相關內容匹配。而影響廣告費用的因素，主要包括一個直接因素和一個間接因素：

1. 直接因素：廣告欄位的供應量

廣告欄位是有限的，客戶為了獲得較多的優先展示機會，必須參與競價。例如，若遊戲相關影片有 10 萬個，而財經相關影片僅有 1000 個，那麼投放財經廣告的客戶為了爭奪有限的 1000 個廣告位，可能需要支付更高的費用，這也意味著 Google 可能給內容創作者更多的分潤。

2. 間接因素：目標受眾的購買力

假設遊戲廣告獲得 10 萬次展示，最終吸引了 100 名玩家，其中 10 人進行了消費，總計消費額為 1 萬元。相比之下，若財經廣告也獲得了 10 萬次展示並吸引了 100 名客戶，由於產品本身價格較高，假設每人消費 1000 元，則總收益達到 10 萬元。在收益相同的前提下，財經廣告的價值顯然高於遊戲廣告。因此，客戶可能更願意為這類高回報的廣告支付更高的價格，以參與更加激烈的競價。

綜上所述，了解 Google 的盈利模式及其與內容創作者的收益分配機制，便可揭示不同類型內容的潛在價值。

總之，即使兩個網站的流量相同，由於上述多種因素的綜合作用，它們透過 Google Ads 獲得的廣告分潤可能會有顯著差異。

當然，提供上述數據，絕對不是要勸說任何人為了賺錢刻意去做毫無興趣的領域。畢竟把事業經營起來的前提是持之以恆，在這個過程中熱情和專業都是必要的，否則除非你超級幸運剛出道就一炮而紅，通常都得在沒有收入的情況下無怨無悔的付出一段時間……然後能不能成功，仍然是未知數呢！

以上對「受眾購買力」的詳解，希望各位讀者先牢記在心，因為這跟接下來我們要分享的定位策略有很大關聯。

➕ 書籍版稅

以前對於文筆好的作者來說，與出版社簽約出書便是一條直接簡便甚至可能是唯一的盈利途徑。但是據我所知，現在出版社人力不足的關係，沒有餘力培養新人，傾向於找在網路有固定讀者的作者。畢竟，有網路知名度的人出書，銷量多少有點保證。

所以如果你的社群追蹤數量有幾千以上、越多越好，或是文章曾經爆紅幾千分享，作品顯露出一絲潛力，比較可能受到出版社邀約出書。至於默默無名的人，就只能靠投稿文學獎或各類徵選活動，尋求曝光和認可。

聽起來，這個時代的作者好像很可憐？然而仔細想想，也不用這麼悲觀。因為以前沒有臉書或 Threads 之類的社群，個人的曝光管道非常有限，投稿給傳統媒體不被錄用就是不被錄用，有

時候剛好倒楣,怎麼寫就是沒對到編輯的口味,稿件也可能被無情駁回。

社群媒體的時代則不然,已經不太可能由個別權威人士把關,市場機制決定一切。你寫的東西,就算再小眾、再非主流,甚至價值觀詭異、不登大雅之堂,只要能獲得足夠多讀者的青睞,展現出獨特的價值,舞臺上就會為你騰出一席之地。

網路社群的崛起也打破了過往很多的出版慣例。喜歡日本漫畫的朋友一定有聽說,網路興起的時代後,有不少作者是先在網上免費連載後成名,才受到雜誌社編輯邀請成為作者,例如很受歡迎的《一拳超人》,當初就是由素人作者ONE潦草畫下的草稿作品,後來才藉由出版社指派專業漫畫家村田熊介為其作畫。

毫無畫功的人也能與知名作者合作出版漫畫、甚至作品被改編為動畫!這是以前想都不敢想的,可是現在網路讓這件事成為可能。

即使無緣和出版社合作,現在自費出版十分便利,小量印刷甚至允許只印一兩百本,不用擔憂庫存壓力。雖然開版的印刷成本較高,由於自己能掌握利潤比例,不用印太大量或許也能有不錯的收益。

另外,也有零成本的電子書出版平台,省去庫存和印刷成本就能將書籍發行到全世界。比如,全球第二大電子書平台樂天

Kobo 就開放作者自由上架書籍。

　　Kobo 的運營模式是讓作者將寫好的文章或繪製好的圖畫打包為符合格式的 epub 在平台上賣，讀者只要下載 App 或是使用 Kobo 閱讀器就能閱讀該內容。作者的銷售所得給平台抽二成，能夠保留八成的利潤，賣多少賺多少，其實條件相當不錯。

　　如果作者自身就有很強的行銷能力，走獨立出版這條路或許也能養活自己。

自行出版 vs. 與出版社合作

　　若與出版社合作，作者能獲得的版稅收入大致為定價的 10%。老資格的暢銷作家可能享有更高至 15% 至 18% 的版稅比例，然而這是少數情況，現在的暢銷作家不太可能取得這麼優厚的待遇了。

　　跟自行出版模式保住利潤的 50%～80% 相比，當然少得可憐，儘管如此，我仍然建議新人作家應該與出版社合作，等到出過至少一本書後，再考慮要不要收回來自己出。

　　因為出版社在通路和行銷有其獨特的優勢，透過出版社的實體通路的鋪貨，才有機會把書籍推銷給個人社群接觸不到的族群，除此之外，出版社照例會在出書後發通告給電台、電視台、雜誌等傳統媒體，讓作者曝光在網路以外的宣傳管道，對於提升

個人品牌有很大幫助。

就宣傳層面，有出版社當神隊友助攻一定比較輕鬆，那麼單純為了利益考量的話呢？其實與出版社合作不一定賺得比較少。

舉例而言，版稅為 10% 的情況，若一本書定價為 400 元，每賣出一本，作者即可獲得 40 元的收益，銷售千本書便可帶來 4 萬元的收入。如果是自行出版，分潤抓 80% 好了，每本書賺 320 元，則只要銷售 125 本就能有四萬元收益。

看到這裡，你可能會心想，那如果我本身社群粉絲很多，乾脆自己賣，銷量達到 1000 本的淨利就有 32 萬耶！

請先冷靜一下，這裡的思考盲點在於：你的粉絲不一定都想要買書。可能因為他們沒有看書的習慣、覺得沒有必要買等等，試想你上次推出自己的周邊商品，不見得所有的粉絲都買單啊！所以不要對能獨力銷售的數量有過於樂觀的想像。

講得死板一點，賣書還是要把書送進書店，送進消費者集中的地方，才容易讓書找到主人。

而且，交給出版社經手，有助於提升知名度，觸及到同溫層以外的讀者，還能得到額外的宣傳資源，有機會舉辦座談會，或是得到其他藝文活動的邀約，創造更多曝光和工作機會。所以出書這件事，還是交給出版社吧。

台灣現在買書的人真的越來越少，從以前初版一刷 1 萬本起

跳，聽說近年降低到 500、1000 本一刷，可見出版業的慘澹。

假設一位作家能夠定期出版一本書，便能夠基於此計算出必須銷售多少本書，以維持其期望的月收入水平。例如，如果決定純靠賣書過活，每個月四萬生活費，每半年出一本書，則平均每本書要達到至少六千本的銷量。這樣的計算為作家規劃職業生涯提供了一種量化的方式。

作者的獨立行銷

不過我想現今時代的挑戰，不單單只有維持銷量、穩定出書，還面臨著傳媒式微、大眾注意力分散等等環境挑戰，即使跟出版社簽約、把書交給出版社去出版，作者也不可能無事一身輕，以為只要把書寫出來就大功告成了。

以作家黃山料為例，他以溫暖療癒的文字受到廣大讀者喜愛，出的書能夠連年稱霸暢銷書排行榜，原因除了他個人的文采魅力，我認為不能忽視的是他在網路行銷的用心。

黃山料採取免費連載的方式，寫多少曝光多少，用文字、圖卡、影片的方式在網路擴散內容達成「吸粉」效果，等到篇幅足夠成書後，持續預告書中內容做宣傳。他的做法打破以往許多作者的框架，毫不吝惜把拿來販售的內容讓讀者「試讀」。

我想他也十分清楚：首先，不可能有讀者一字不漏地收到所

有創作；其次，他的文字主打情緒價值，很多人即使讀過也願意買來收藏，說不定還覺得印在紙本上尤其有獨特風味呢。因此對他來說，運用社群媒體把人氣槓桿到最大，弱水三千只取一瓢飲，爭取一定比例的人願意買書就足夠支撐起他的作家事業。

肯嘗新的年輕作者紛紛加入拍片大軍或是積極跟新媒體合作，一些比較老牌的作者礙於臉面或技術因素，不一定甘願過多的曝光自我，但至少也筆耕不輟地經營社群，有些人開啟了團購副業，寫作之餘賣賣東西。

自媒體興起以後，傳統媒體越來越勢單力薄。現在出版業能做到的不多，因為獲利萎縮、影響力受限，以往被認為十分有力的推廣管道，例如實體簽書會、書店通路等等，漸漸成為現代年輕人多到數不清的活動中相對冷門的選擇。

說來殘酷，但我認為趨勢若沒有太大變化、業者自己也不爭取轉型的話，總有一天出版社將不再被作者所需要。隨著電子書進一步普及，出版社庫存和通路的堡壘再次被打破，每一個環節都能夠被新媒體取代乃至做得更好的時刻到來後，或許就是出版業消亡的時候了。

✚會員制或訂閱服務

現在，越來越多的文字創作者開始嘗試會員制和訂閱服務，

已經變成一股熱潮。當你累積了一群穩定的支持者,就可以透過訂閱模式提供獨家內容,讓付費讀者享受專屬待遇,就像訂閱高級咖啡會員,每天都有特調好料等著你。

對作者來說,訂閱制的好處不只是能帶來穩定收入,還能建立更緊密的讀者社群,讓粉絲不只是「看過就算了」,而是會期待你的內容,就像有人每天固定收看晨間新聞一樣。這種模式也能讓創作者更專心在內容本身,而不用拚命追流量或廣告收益,減少因點閱數焦慮的壓力。對許多長期耕耘寫作的人來說,這甚至變成了最主要的收入來源。

常見的會員制平台有「方格子 Vocus」,在香港或國際市場「Patreon」的使用者更多。而「Substack」則因為支援文章創作、Podcast 上傳,還有付費電子報等功能,在國際間受到很多人的青睞。

「PressPlay」創立第一年與我有過合作,當時主要為創作者集資平台,因接洽到多名創作者順勢成為經紀公司。後來陸續做了許多線上課程,同時保留其支援創作者開展訂閱服務的原有功能。

「嘖嘖 Zeczec」最為知名的是商品集資,它也允許創作者透過合作開設自己的會員制和訂閱服務,像是知名 YouTuber「志祺七七」在開設頻道以前,就曾為他的設計公司「簡訊設計」開

啟訂閱集資，以經營製作各種議題懶人包的「圖文不符」專欄。

各平台的收費比例，我整理了一些大致的數據。不同平台的後台系統和專攻的內容類型（像是文字、影音等）各有特色，選擇時可以根據自己的需求來挑。

・各平台抽取傭金

方格子 Vocus	8%
Patreon	5-12%
Substack	10%
PressPlay	20%
嘖嘖 Zeczec	8%

運營會員制和訂閱服務的關鍵，在於一旦開始就等同於向讀者或觀眾作出了「承諾」——必須定期更新內容。總不能開設會員制後，要求讀者支付費用，卻在短短幾週後便停止更新，這種做法恐怕會引起反彈吧！因此，開啟此類服務前，應確保已有足夠多的支持者願意為之付費，以保障創作熱情及生計所需。

舉個例子，如果你希望每週寫一篇文章，每個月至少賺 3 萬元，那假設每位訂閱者付 200 元，你至少需要 150 個忠實粉絲支持，這樣計畫才跑得起來。

Chapter2——文字如何產生收入

我建議開啟專案前,設定一個合理的追蹤者門檻,只有在追蹤者或粉絲眾多的前提下,才能從中篩選出真正願意支持你的忠實粉絲。換言之,只有基數足夠大,才能吸引到真正願意為你付費的支持者。

當然,有些提供稀缺價值資訊的社群,即便粉絲只有幾百人,願意實質付費的比例卻不低(如專門提供投資分析或專業技術知識的社群),或是如果付費內容的單價夠高(如某些高端攝影課程或商業策略指導),在這種情況下,商業模式也有辦法持續下去。

訂閱制的不同模式

針對不同創作者的需求,訂閱制大致可以分成兩種玩法:

第一種是「拉贊助」模式,簡單來說就是「有心支持的就掏錢,內容還是大家都能看」。這很適合想讓內容影響更多人、但又希望有收入支持創作的人。比如,經營科普或公益內容的創作者,這樣可以一邊推廣知識,一邊獲得熱心粉絲的金援,就像YouTube 上的「超級感謝」功能一樣。

第二種則是提供付費專屬內容模式,這種方式就是「想看更多?加入會員!」適合那些提供專業知識、深度剖析,或個人化服務的創作者。像投資顧問、寫作課程、或專業顧問,他們通常

會免費釋出一部分內容來吸引人,然後真正乾貨就鎖在會員專區,這樣既能建立免費受眾,又能確保穩定收益。

為追求最高收益,可不可以採用「完全付費模式」、讓所有人想看內容就只能付費解鎖?不是不可以,你看到有一些從來沒看過其公開分享內容的講師,憑藉業界口碑或狂砸廣告預算,線上課程也賣得嚇嚇叫,他們採取的就是這種模式。

可是一般缺乏知名度或資金的素人,為了說服顧客買單,能做到的最好推銷手法就是端出免費內容,證明給大家自己是「有料」的,然後東西才賣得出去。所以除非你對於銷售非常有信心,事業起步之初應該儘量避免把所有內容鎖起來,才更有利於產品推廣。

訂閱制是否打造付費內容?

至於何時採用「拉贊助」,何時該提供付費解鎖專屬內容呢?我認為這取決於你對產出內容價值的信心程度,以及你的目標受眾習慣。

這裡我們分兩個層面來談。

第一個層面是在你的讀者基數不夠大的階段,你知道有一群鐵粉願意掏錢支持,但總數並不多,如果你專門為這些人製作付費內容,可能投入的時間和成本不划算,這時候「拉贊助」會是

更好的選擇。讓他們自由選擇贊助，而你的內容還是能觸及更多潛在受眾，長期下來或許能吸引更多支持者。

例如，當你只有 1000 名讀者，你估算有 10 名讀者願意付費，也許可以開設一個小額贊助訂閱，讓他們每個月付 100 元來支持你，即便只有 1000 元也不無小補吧！

策略可以隨著社群成長進行調整。等到粉絲成長到夠多的情況，你發現居然有多達 100 名讀者願意每月無償贊助，這時候你就可以考慮為這些鐵粉製作專屬內容，除了鞏固忠誠度之外，還能吸引更多付費會員的加入。

需要注意的是，在你的社群尚未壯大之前，付費內容的收益可能只佔你的收入非常小一部分，你還不被容許任性揮霍寶貴的時間，不宜花費太多時間製作專屬內容。你可以提供像是定期的會員專屬 Q&A、整理好的資料包，這些相對來說不會花費太多時間，但依然能夠為付費會員提供額外價值。在不影響你主要創作的情況下，逐步累積會員支持，等到受眾規模足夠大時，再投入更多資源打造高價值的付費內容。

第二個需要考慮的層面，是創作者的「初心」……啊，這樣說好像太抽象，或是換個說法，就是「內容性質」本身。

如果你的內容是希望讓更多人接觸，比如做教育、科普、時事分享，或者你的內容的泛娛樂性質較高，適合被瘋傳，那麼「拉

贊助」模式會比較適合。這樣你的內容不會被付費牆擋住，還能讓真正喜歡你的粉絲自由選擇支持，就像街頭藝人演出，有些人欣賞就願意投點錢。

　　但如果你的內容屬於比較專業的領域，而且並沒有「越多人知道越好」的公益性質，比如財經分析、職場進修、技術教學，或者你提供的資訊有市場炙手可熱的獨家價值，那麼「付費解鎖專屬內容」的模式會更合理。因為這類內容通常需要深入學習，願意付費的讀者也會更認真對待，就像報名一堂專業課程一樣。

　　當然，這兩種模式也可以結合，用免費內容吸引新讀者，然後提供更深入的專屬內容給付費會員，這樣既能拓展影響力，也能確保收入穩定，就像試吃免費小點心，喜歡的人才會願意花錢買整盤。

　　免費和付費內容分別該端出怎樣的菜，其實又是一門很高的學問。我在創業早期不太會拿捏兩者，導致錯過了很多商業機會，後來經過我的同行朋友提點，我才知道並非一味「分享」就能獲得事業上的成功，專業是有價的，有時候濫發「佛心」反而令人們不懂得珍惜。

　　台灣的股市景氣紅綠燈在政府公開的網站就能免費查詢，永遠遵從「藍燈買進大盤，黃紅燈賣出」的原則買賣大盤，絕對不可能賠一毛錢！那可是難得的德政啊，因為這類資訊在國外要付

費才能看。可是台灣股民卻不懂得珍惜，寧可跑去買幾萬元的投資課、幾十萬元的投顧服務，然後不一定賺，到底在瞎忙什麼？我常聽的財經 Podcast 節目中有一位老師忍不住吐槽：「我看乾脆改成付費才能看好了，這樣你們才會知道，這個情報有多好用！」

股民的心態就是這麼「賤」，消費者有時候就是這樣。劃分無償和有價內容，需要抓住人們「付錢了才有好東西拿」的預期心理，讓他們意識到內容的可貴。

所以這裡也想順便提醒各位作者，**必須學會識別你分享的內容中，有哪些應該被歸類「有價」，請不要客氣，儘管拿來去獲取應有的報酬，你的創作熱情才能夠維繫下去。**

・免費 vs. 付費內容該如何區分

投資理財	・免費：基本名詞解釋、指數化投資、理財基礎概念。 ・付費：財報分析、技術分析、進階投資策略、專屬個股研究報告。
健身	・免費：基礎動作教學、一般健身知識、飲食基本原則。 ・付費：個人化訓練計畫、針對特定目標的進階訓練、私密社群諮詢。
心理學	・免費：基本心理學概念、心理測驗、日常心理調適技巧。 ・付費：深度心理諮詢、個案分析、專業心理測評與解讀。

語言學習	• 免費：基礎單字、日常對話、免費學習資源推薦。 • 付費：語法深度解析、個人化發音指導、一對一語言輔導。
數位行銷	• 免費：SEO 基礎、社群媒體經營入門、基本廣告投放概念。 • 付費：進階廣告優化策略、數據分析與轉換率提升技巧、個案輔導。
護膚保養	• 免費：基礎護膚步驟、日常保養建議、常見護膚迷思解析。 • 付費：個人化肌膚分析、專業護膚方案、進階抗老或特殊護理課程。

✚ 成功案例：台灣：科技巨頭解碼

這個成功案例是我的老朋友 Miula。Miula 起初主要經營一個名為「M 觀點」的 Facebook 粉絲專頁、YouTube 和 Podcast 節目。我們認識甚早，他準備開設 YouTube 頻道時便向我請教相關問題，如何選購直播的相機、麥克風等設備，最終選購了與我類似的設備。

Miula 曾表示，他會觀看我的影片學習如何面對鏡頭演講，不知道觀眾是否能感受到，他講話的模樣隱約有我的影子嗎？（笑）時至今日他也發展出十足的個人風格了。

Chapter2──文字如何產生收入

　　Miula 以財經、商業、時事為主軸內容經營頻道，匯聚了一點知名度後，遇到了 2020 年的疫情期間，當時台灣掀起了一股投資熱潮。生醫、航運股大暴漲，許多人對投資理財產生了興趣，他便抓住機會，在「方格子」網站開啟解析美國科技巨頭財報的付費訂閱專欄「科技巨頭解碼」。

　　當時他設定的價格大約是每月新台幣 200 元，並為年度訂閱提供折扣。僅僅第一年，便吸引了超過三千名訂閱者。根據我最近查看的統計，訂閱過他的付費專欄的人數一直有數千名之多。

　　令人驚訝吧？僅憑年度訂閱費，Miula 的年收入就超過上百萬，而這僅僅是他收入的一部分。如果有關注 Miula，會發現他平時接了不少其他案子，如商業合作、團購等，因此這些訂閱費只是他收入的一部分，而僅憑此他的年收入就超過百萬新台幣。

　　開設訂閱專欄期間，Miula 採用靈活的行銷手法，例如開放首月訂閱費 1 元的體驗，或是不定期在某個公司引起熱門討論時開放相關主題的免費試閱，吸引更多讀者。連載專欄文章的同時，他也以單次買斷制和區塊鏈 NFT 等多種方式販售網站的廣告版位。

　　由於投資觀點精準而獨到，經營多年後養成了相當不錯的口碑，後來在 2025 年初，Miula 決定「科技巨頭解碼」只提供年費方案：讀者不能再逐月付費，只能一次買下一年份的文章。這

一策略更動其實也意味著，消費者群和目標受眾，已經基本穩固下來。

以寫作賺取如此驚人的收入，他是否需要撰寫大量內容？

「科技巨頭解碼」的文章確實每篇都相當長，遠超過我們通常在Facebook上看到的長篇文章，甚至比一些部落格文章都長。Miula會逐一分析財務報表中每個數字的含義，從自己的視角出發，評估公司的經營狀況、產品策略和未來願景。篇幅之所以長，有部分是由於使用了大量的數據和圖表。

雖然長，卻長得有理，因為Miula研究的股票都以中長期持有、基本面良好的成長性公司為主，不是一路北上的「飆股」，股價中間難免震盪，長期持有很看投資者的信心堅固度。「科技巨頭解碼」深度的資料分析和觀點，能夠有效幫助投資者進行決策。另一方面，不適合發布在臉書社群的超長篇幅篇文章，能給付費者對價感，難怪他能聚集大群忠實讀者，在美股財經社群中建立起特別的地位。

➕ 成功案例：美國：全世界第一名的訂閱電子報

在台灣，靠文字訂閱專欄的年收入超過百萬台幣已經很驚人對不對？不過據我所知，台灣第一名尚不是Miula。

Chapter2——文字如何產生收入

業界一山還有一山高!那位神人到底是誰,我不知道。我只知道全球第一名是誰:全球範圍內,名列第一的付費電子報叫做「Stratechery」,由美國人 Ben Thompson 於 2013 年創立。

該電子報的年訂閱費為 120 美元,專注於分析科技趨勢、理論(如聚合理論、摩爾定律)以及科技巨頭的人事和商務策略。Thompson 的觀點深受全球超過 80 個國家訂閱者的推崇,其中不乏科技業的專業人士。憑藉每年 120 美元或每月 12 美元的訂閱費,Stratechery 的付費訂閱者估計超過 28,000 名,年收入超過 300 萬美元。

Thompson 在台灣的知名度急升,源於其年收入超過 300 萬美元(約合一億新台幣)的消息在社交媒體上的廣泛傳播。Thompson 的電子報因其獨家內容而聞名,得益於他作為前科技巨頭公司工程師的深厚背景。他能夠輕鬆一通電話就聯繫到包括 Facebook、Microsoft、YouTube 等巨頭公司的 CEO,進行獨家採訪,可能連千萬訂閱等級的知名 YouTuber 也無法做到。

他的讀者群主要由科技領域的精英組成,有鑑於此,科技巨頭積極尋求透過他小眾的電子報曝光,提升自己的影響力。

關於 Stratechery,我特地錄製過 Podcast 進行介紹,對此感興趣的聽眾可以進一步了解。

創造鉅額收入的事業不罕見,Stratechery 成功故事的迷人

之處在於，作為單一個人獨立運營電子報而且年收高達一億新台幣，這樣一位傳奇人物，特地選擇居住在台灣，與一位台灣女士結婚。

只靠一個人，一年賺一億，居住在台灣！實在很難不令人嚮往吧。

身為獨立自媒體，Thompson 能夠自由選擇居住地點。不論是在台灣、美國還是世界上任何其他地方，只要能夠發送電子郵件，他幾乎無需承擔任何成本。

Stratechery 的網站設計支持文章和播客的同時發布，這一創新最初是由 Thompson 本人設計的。該模式後來被 Substack 平台所採納，使更多的創作者能夠使用這一架構來發布內容並開設付費訂閱實現獲益。因此，Substack 等平台的出現，實際上是基於 Thompson 為 Stratechery 所設計的架構，從而推動了付費訂閱電子報的經營模式的發展。

✚高專精領域＝高變現力

分享完以上例子之後，大家有沒有發現一件事？多數人談論很賺錢的網紅或是 KOL（Key Opinion Leader，關鍵意見領袖），會直覺跟名氣連結在一起，可能會先想到 Joeman、阿滴、愛莉莎莎等知名人物，對吧？因為他們有幾百萬訂閱粉絲，感覺

一呼百應,業配案肯定接不完。

然而事實上,能獲得最豐厚回報的不一定是這些人物。

舉例來說,我們提及了透過寫作獲得可觀收益的案例,他們的粉絲數量並不眾多。以 Ben Thompson 為例,僅有兩萬餘名訂閱者,相較於 Joeman 的數百萬粉絲規模,他的知名度遠遠不及。如果在街頭隨機詢問 100 名路人是否認識 Ben Thompson,恐怕不到半個認識。

要實現高效益的轉化,並非僅憑藉高流量或廣泛的知名度,而是需要專注於一個特定的高專業領域。在該領域內,若能達到頂尖水平,或提供獨特且無法替代的內容,便能吸引到一群忠實的粉絲,從而實現高效的收益轉化。

如果你只是想學會泡一杯美式咖啡,YouTube 上一搜一堆免費教學,但如果你想知道某家精品咖啡廳的獨門萃取手法,或者世界級咖啡師如何調整風味,那就不是隨便能找到的資訊。當一個領域的專業門檻高,免費內容難以滿足需求時,願意付費的人自然就會出現。

換個角度來說,這就像是「街邊快餐 vs 米其林餐廳」,快餐隨處可見,價格低廉,但米其林級別的餐點需要專業技術、獨特食材和長年經驗,這就是為什麼後者能賣出高價,且還有人願意買單。

➕ 另類吸引力：社會責任與正義感

除了高專精領域，還有一種內容也很容易吸引人付費——能引起強烈正義感或社會責任感的內容。

這類內容的關鍵不在於「專業程度」，而是「影響力」。當觀眾覺得你的內容能推動社會進步，或是替少數人發聲，他們就更願意用金錢來支持你，讓這個聲音能夠持續下去。

下面列舉多數人比較熟悉的 YouTube 頻道選題為例：

- **政治與時事類**：像「攝圖日記」「志祺七七」這類頻道，他們關注政治以及社會議題、解析時事，幫助大家理解複雜事件，這樣的內容很容易讓有共鳴的觀眾主動掏錢支持。
- **公益與環保類**：像「台客劇場」這類頻道，內容以環保、動保或社會公益為主軸，許多認同這些價值觀的人會願意付費，支持其影響力擴大。
- **社會不公與倡議類**：例如揭露詐騙、黑心企業、勞工權益、媒體監督等內容，讓觀眾有「這個問題太重要了，必須支持」的動力，進而願意出錢，像是「異色檔案」主要是以此為出發點獲得廣泛的支持。

先不論以上提及頻道的資訊正確度，創作者的觀眾不一定是

為了獲取知識，而是因為認同其價值，懷著「請你幫我發聲」的想法，願意幫助作者把這個聲音放大。簡單來說，他們的付費更像是一種行動支持。

不管是高專精領域，還是透過理念與影響力吸引支持，都可以發展出成功的訂閱模式，關鍵是找到適合自己的方式，並持續深耕。

雖然以上的舉例以影音頻道為主，文字的受眾小得多，規模難望其項背，但市場上還是有些成功的例子。

例如從中國流亡到美國的歷史學家「劉仲敬」，他經營的 YouTube 頻道雖然博學有料、觀點犀利，可惜講話帶有濃重的四川口音，不太親民好懂。其粉絲幫他架設網站販售每部影片的逐字稿，建立一種獨特的商業模式。他回答觀眾的提問，則由台灣的出版社集結成冊出版。

還有一位叫做「Cheng Lap（鄭立）」的香港作家，善於結合歷史和政治理論評論時事，他開設的 Patreon 專欄，每月訂閱收入可達數十萬新台幣。

追記：電子報復興 (此文發表於 2024/12/13)

2000 年初我開始寫部落格，從無名遷移到日本 Livedoor、

Ninja 再移回台灣 Pixnet，也自架過一段時間的 Wordpress，直到 2013 年停更迎來影音時代，累積的固定讀者大約 5,000 多人，不是什麼大數字，不過以我漫不經心的步調，能有這個數字也相當可觀。

這些人成為我後來的第一批影音觀眾。文字書寫時代讀者能夠累積下來，有賴於當時一個叫做 Feedburner 的服務，簡單來說，它允許我申請一個固定的 RSS 地址，我把這個固定 RSS 讓讀者訂閱，無論搬到哪裡，RSS 讀者都一定能收到我的文章。

即使是在那個時代，會使用 RSS 的人也不多，通常是每天有大量部落格文章要瀏覽的人才會用 RSS。但做了這件事，就能確保死忠讀者 & 資深用戶找得到自己。

可惜的是 RSS 還是退流行了。隨著使用習慣改變，他們就消失了。作者面對此況無能為力。作者最初只是寫寫自己爽就算，但作為事業來經營，最終會希望客戶資料由自己掌控。後來人們才發現原來有個東西早就能做到這件事──遠比 RSS 早出現的 Email 電子報，再次復興，而且人們發現它完美彌補了 RSS 的缺點。Email 是網路誕生至今所有人持有最久的數位資產，相當於身分證的東西，比手機侵略性低，資訊彈性又大，沒有文字獄，不用擔心平台演算法降觸及。

電子報，是含金量極高的行銷漏斗，比 FB／IG／YT 都高。

它的觸及率是 100%，開信率也可以達到 60～70%。

你知道我 27 萬追蹤的 FB 自然觸及率是多少嗎？3～8% 左右，點開閱讀的人更少。

Email 是一個非常適合沉浸閱讀的環境，和社群不一樣，人們上 FB 和 IG 有各式各樣的目的，但人們開 Email，大多處在一個認真的心境，容易吸收深度資訊。結果它成為當之無愧的觸及率／開率／轉換率三高的王者。

如果你說你懶得看 Email，信箱亂七八糟，不知有誰看電子報。你就不是被瞄準的 TA，你就是以前不會用 RSS 的讀者。可是做電子報依然相當有利於建立私域流量。只要能做到讓習慣看 Email 的客戶被蒐集起來，哪怕只有 1/10，就非常有助於行銷。

畢竟再大的流量，沒有轉換就是個屁，1 萬個路人抵不上 100 個鐵粉。而且除非完全是社群素人，經歷這麼多年早該知道了，社群上的追蹤者從來不屬於自己。流量都是平台給你的，平台要你死，不得不死，一聲不能吭。

只有落到口袋裡的客戶名單，那個流量才是屬於自己的。有人會建社團、群組，但那些本質上還是依附平台，電子報蒐集的 Email 才是 100% 最完美的客戶名單，它有機會讓一個從來沒紅過的作者商業生命延續到驚人的長。

➕電子報的商業潛力

我在 Threads 更新此系列文時用的 hashtag 是「每日更新直到電子報能賺錢」,不過用得有點心虛,因為我並不是沒有在賺錢,而是賺的不夠多,正在研究如何讓它收益更高。

電子報能賺錢是毫無疑問的,只是多數人不知道怎麼用。Ben Thompson 電子報一年賺一億台幣,我自己朋友圈內也有人的主要內容載體是電子報,年賺 500 萬到 1 千萬都有。

說用電子報賺錢,並不是說就只寫寫 Email 就能賣東西,通常需要社群媒體＋影音(有時 Podcast)建立 credit(信用)的組合拳。年初的時候在朋友公司的協助下,我打造自己的直播課,一個案子達到 7 位數營收,這段過程我學到很多。後來花了上萬元去學 FB 廣告、LINE 自動銷售,再搭配電子報偶爾帶貨,後續花 2 天時間做的數位內容也有六位數的銷售成績。其中電子報直接貢獻的部分可能有 10%,我覺得這遠遠不夠。

我認為 3 萬訂閱的電子報,依其領域而定,至少要為作者每月帶進 8～20 萬的現金流。這件事絕對做得到。

➕建立私域流量的重要性

其實直到去年為止我都不是特別重視「私域流量」,心想我

Chapter2——文字如何產生收入

擁有社群,有什麼要通知的、要賣的,就 Po 去社群就好,加社團或群組很累,我未必有額外的時間精力經營。如果要互動,平時留言或私訊,我看到就會回,難道這樣還不夠培養感情?

那時我還不知道演算法會殘酷成這樣,我以為和追蹤者 ABCD 在留言或私訊多講幾句話,他們就會和我建立信任關係?

結果,不一定是這樣,演算法才不管我和誰互動過,平台決定他們再也看不到我的貼文/影片,他們就看不到了,然後時間一久,他們就疏遠和淡忘了。

建立私域的最重要目的是把收穫的流量變成真正屬於自己。這一步過濾,剛好篩選出真正的「粉絲」。行銷大師 Kevin Kelly 認為有付錢消費的才叫做粉絲,其他都是路人。

在平台上多講幾句話就是粉絲嗎?是粉絲的話,當你說你有個群組,有個官方 Line 什麼的,動一動手就能加,他們會不想加嗎?

加入私域是一種成本非常低的行動,只需要動機。是不加入私域的人願意付費,還是加入私域的人更可能成為消費者?答案顯而易見。

電子報有點特別,不訂閱不等於不是粉絲,有可能只是 Email 這載體實在太過老派過時。然而剛好因為這樣,它篩選出熟用 Email 的白領階級,因它能傳遞高密度資訊的特殊性,再次

篩選出對知識和個人成長主題有追求的族群。

這意味著創作內容越接近專精知識而非泛娛樂類型的，越適合發行電子報作為行銷漏斗。

✚ 內容策略與讀者維護

相比社群，用電子報的人非常少，訂閱之後失去新鮮感開信率還會逐漸下滑。為了讓儘量多的人訂閱和保持開信，我承諾電子報會有獨家內容。可是獨家內容到底有多少？每三篇有一篇還是更少？若有人社群追得很緊，為了獨家內容而訂閱，卻發現並非每一期電子報都是獨家內容，很多是社群已經發表過的，他一樣很快會失去興趣。

那麼要讓電子報只有獨家內容嗎，亦即每次都專門為電子報讀者創作？不，勞動不划算。除非訂閱戶基數已經非常大，這種為了少數讀者另闢平台更新的事，容易搞殘自己。為了達成平衡，最後我想到的是在電子報發行「加長版」文章。

這個做法來自某個外國的 X 作者，以寫作為業的他，一天更新十幾條短推文，把迴響熱烈的主題再撰寫為長文章再推送出去。推文像是他測試靈感的地方，先試水溫，再投入更多時間拓展為長文。

對我而言，剛好社群不適合寫太長，電子報的讀者比較有耐

心看完。於是就把寫不完的想法、或是待加入的參考資料,都加在電子報,成為了電子報的獨家內容,一箭雙鵰。

例如,我在 10 月份《短線投資策略:如何操作概念股》這篇文章的電子報版本裡,加入了一些概念股的具體案例。在上週《被動收入迷思／你不能再錯過區塊鏈》這篇文章裡,則是明確寫下我對比特幣和以太幣的強烈信心,並附上講座連結。以上內容只有訂戶收得到。

不過我有發現不是每個讀者都有注意到這件事,有人甚至看到標題還以為是一模一樣的文章,下次應該聲明清楚,免得白費了這麼多期加長的內容。

✚ 電子報的多功能性

雖說是文字,電子報是目前唯一一個可以結合多種內容形式推送到訂閱者手裡的創作,因為有超連結可以插入在任意一個地方。連影片都達不到這種自由度。

除了能形成多層次的閱讀體驗,CTA(Call to Action,行動呼籲)的推力也非常強。

Podcast 導購差,因為一般人不想中斷聆聽去點連結;同樣是放在敘述欄的 YouTube 因為觀眾視覺停留在螢幕上,情況稍好一點;Meta 貼文有連結則基本上觸及完蛋。

電子報很棒的是，本身就是網頁的一種，讀者可以無痛切換到另一個網頁。

除非未來人們的網購體驗升級到元宇宙，不然網頁導購能提供的方便性和壓倒性低門檻還是妥妥的。

➕ 結論

電子報為創作者和企業提供了一個高效、穩定且可持續的行銷管道。透過建立私域流量、制定有效的內容策略和充分利用電子報的多功能性，品牌和創作者能夠實現更高的觸及率、開信率和轉換率。

讀到本文的你，還在半信半疑嗎？其實這期電子報，是由過去 8 天更新在 Threads 的文章組成的。如果你有追蹤 Threads 卻沒有看到完整的 8 篇，或是從來沒有看到過，現在應該見識到電子報的優越之處！

自由撰稿和內容寫作服務

自由撰稿和內容寫作服務，我建議 3000 追蹤數以上的作者再考慮進行，在網路先建立點小知名度，比較多機會得到專業寫作服務的工作。

這類工作不會要求你特別知名,通常業內人士看到作品質素就心中有底,自由撰稿的工作既然對知名度沒有要求,也不一定能夠累積知名度,像是撰寫文章網站內容,廣告文案等等,寫手的名字並不會曝光在檯面,跟業配不太一樣。通常我們說的業配是運用作者個人的影響力做行銷,比如去體驗產品後,跟大家做出某種「好產品」的承諾。

　　畢業季期間的人力銀行、商業雜誌有時會徵集文章鼓舞和指導社會新鮮人,這類專欄文章的稿費大概為每個字 2 ～ 3 元,受邀作者通常是成功人士,因為是具名寫作,稿費會好一點點。

　　另一個例子。我以前幫《鏡週刊》寫影評專欄,頂著這個頭銜,發行商時不時邀請我看各種試映會或特映會,我每個禮拜要看三四場,挑一篇來寫影評。據我所知,專欄影評作家每篇稿費通常是幾千塊錢,週刊雜誌找的作者都是有點知名度的,這個價格不算特別高。

　　2017 年左右我的影評文章稿費為 5000 元一篇,每篇 800 字,每個月寫四篇,總共是兩萬塊。我同時也會接其他網媒或紙媒的邀稿,以數年前的環境,寫稿人純靠評論電影維生不是不可能。

　　至於其他比較雜的不具名內容寫作案件,像是行銷公司把 DM 之類的文宣內容外包給寫手,報價也許不太能令人滿意,甚至有點血汗,但這類工作一直都非常多,在默默無名的時期,心

態上肯拚的話努力接案還是能勉強糊口。（講著講著忍不住感到心酸……）

為了能靠著做喜歡的事活下去，其實在任何領域都不是容易的事，就算含辛茹苦多年也未必能熬出頭。作為過來人的我，想要鼓勵大家的同時，也強烈建議大家多方嘗試在本書中提到的收入管道，並且遵行著有效的方式寫作，避免繞彎路。

關於如何在網路獲取關注和轉發的寫作方式，在本書後半部分會詳解。

標案公關宣傳

有一種比較特別的案子叫做「標案公關宣傳」，價目範圍從五千到五萬不等，幅度非常廣。

也許有很多人想要經營自媒體，單純是因為喜歡文字之美，希望透過自己的文章來打動讀者，分享自己的理念和理想，成為大家眼中的公共知識分子，而不是賣東西或接業配。

其實，少點「商業感」的案子也不少見，而且我很喜歡接這類案子。這類案子通常不會賣東西，所以幾乎看不出業配感，更多的是公益性質或政策性的評論文章。

舉個例子，有一次我接到一間公關公司的案子，他們來問我

對於「電子煙引進國內後遭遇政策阻撓」的看法。在與他們聊過後，對方了解了我的立場，表明願意付費請我寫出自己的想法。他們提供了一些資料，我仔細查證後覺得沒有大問題。我的立場是，雖然我很不喜歡二手煙，但目前的政策很奇怪，明明抽煙也傷害健康卻不管煙草，反而先管對人體危害較少的電子煙，這個做法讓人不解。

發表文章的方向，就是要對政策提出質疑、引發群眾的關注。其實這就是一種公關操作文章，俗稱「帶風向」。雖然我不知道那間公關公司背後的勢力是什麼，但他們會請網路上的公共知識分子或有影響力的 KOL（意見領袖）來引發話題討論。作為 KOL，我需要做的就是表達自己的立場。

這篇文章即使沒有下廣告，也操作得很成功，獲得了 3000 多個讚和將近 200 次分享，稿費也有幾萬元。對於不想接業配的公共知識分子來說，這類公關性質的文章也是一個不錯的選擇。

如果你喜歡寫文章，希望透過文字來傳達自己的理念，不妨考慮這種公關案子。它們不僅可以讓你保持創作的純粹性，還能夠獲得不錯的收入，何樂而不為呢？

想要接到公關操作這類案子，平時經營社群的方向就不能單純停留在裝瘋賣傻、吃喝玩樂這類輕鬆愉快的內容上，更應該致力於塑造自己的信任度、權威性和專業形象。這是因為公關案子

通常涉及深度的議題和嚴肅的話題，客戶需要的是能夠理性分析、客觀評論的 KOL，而不是只會搞笑逗樂的網紅。

首先，「信任度」是公關案子的核心。客戶希望看到你在社群中建立了可信賴的形象，讀者願意相信你的觀點和意見。因此，日常的內容應該多注重分享專業見解、深入分析社會議題，讓讀者感受到你的真誠和可信賴性。比如你可以撰寫一些關於時事評論或知識分享的文章，展示自己對這些話題的見解和理解。

其次，「權威性」也是獲得公關案子的關鍵之一。這意味著你在某個領域具有較高的專業知識和影響力，能夠給出權威的見解和建議。要達到這點，需要透過不斷學習和研究來充實腦袋，將所學的知識整理分享給粉絲，就能逐步建立起在該領域的權威形象。

然而，塑造這樣的形象也意味著你可能會失去一部分喜歡輕鬆娛樂內容的客群，畢竟很多人看到太多字、太嚴肅的內容就會直接滑掉離開，不喜歡看到洋洋灑灑的一大篇說教。這是一個不得不接受的現實，然而個人品牌的經營本來就需要有所取捨。

與其試圖取悅所有人，不如專注於那些真正認同你價值觀和理念的核心粉絲。

專業形象的建立不僅有助於接到公關案子，還能提升整體品牌價值。當你被認為是一個有深度、有見解的 KOL 時，其他高

品質的合作機會也會源源不斷地來到。這是長期經營的一種投資，雖然短期內可能會有所損失，但從長遠來看，塑造專業和權威形象將為你帶來更多、更好的發展機會。

政治公關案

你們可能無法想像，選舉前夕，我曾經接到一個非常高額的政治公關案邀請。

對方有政黨背景（有人可能要多想了，反正不是綠的！），開出的預算高得嚇人，遠遠超過一般市場上幾萬台幣的水平，甚至是幾十倍以上。當時，他們要我製作選舉前凸顯政績的宣傳影片，報價高得讓我心裡打鼓。最終我決定拒絕這個案子，覺得太危險，害怕背後的風險和影響。

當然不是由某黨直接來信，對方表明自己是某行銷公司，想請網紅幫忙宣傳某某市某項福利政策的政績，例如去訪問街坊的幾個老人等等。乍看之下無關政治，但仔細想想，時機敏感，又是特定區域的正向宣傳，實在很難不和選舉議題操作聯想在一起。

其實，大家在網路上看到的很多寫手和作家，他們不只是分享自己的想法或日常生活，不少人都有接過政黨的公關文章，收入相當可觀。多年前 PTT 論壇的爆料就曾指出一些社群寫手背

後的文創公司,有明確來自政黨的金援,他們也就是俗稱的側翼。寫手中有不少本來就是某政黨的支持者,給錢讓他們在某段時間內寫網文操作風向,他們樂於接受。

有些人會因為支持某政黨而寫作,這也沒什麼不對,畢竟理念相符還能賺錢,何樂而不為?但我覺得接這種案子,首先要確保自己認同對方的理念,不能為了錢而昧著良心,否則反而會損害自己的形象和信譽。

我的文章之所以受歡迎,是因為讀者相信我的立場和價值觀,認同我的觀點。所以,即使我有時接了業配,大家也不會感到違和。敏銳的讀者可能會察覺文末保留很官方的 hashtag,知道那是公關操作,但大多數人還是會專注於文章的內容,忽略格式上的細節。

有些人擔心接了公關文會掉粉,但其實這就和做政治表態的風險一樣,如果你平時經營的內容就是你自己相信的,那追隨你的粉絲自然也會認同你的選擇。這就像是有人贊助你去寫你本來就會寫的內容一樣。

我經營社群這麼久,從來沒有接過政治公關的案子,不是沒有受過邀請,是我選擇不碰。但我知道靠寫公關文也能賺到不錯的稿費,這對有志於此的同學們來說,也許是一個值得考慮的目標和方向。

舉這個例子的意義，是希望給一些平時覺得自己不擅長分享日常、吃喝玩樂的朋友一些啟發。即使你比較喜歡寫正經的內容，也有這樣的出路。

但吃政治飯能走得長久嗎？把頭洗下去之前，還是要仔細衡量此舉帶來的利弊。

專業領域顧問和教練

在專業領域中擔任顧問，並不需要擁有大量的追蹤者，也許幾千名夠了。顧問的價值在於他們能夠提供專業建議或教練服務，只要在這個領域內擁有足夠的信賴資本，就能吸引到客戶。

舉個例子，有位網站設計師委託我提供諮詢服務。他以前是我的同事，原本是一名攝影師，後來轉職成為網站設計師，開了一家公司專門為客戶設計購物網站、形象網站和客製化網站。有一天，他的一位客戶要求他不僅要架設網站，還要幫忙撰寫網站上的文字內容。

這讓他感到非常為難，因為他並不擅長寫作，深知這是一門需要專業知識的技能。然而他不想放棄這筆業務，於是決定將這部分工作外包出去。本來他打算找我幫忙，但那時候我太忙了。

他聽了之後說：「那你就乾脆教我吧。」

我告訴他,這東西很難也很複雜,不容易學會。當時我剛從國外學成歸來,專注於新媒體和網站開發工作,其中有一個環節叫做內容管理(Content Management)。這門學問涵蓋了從標題、標籤到整篇文案的管理和撰寫,也牽涉到搜索引擎優化(SEO)知識,專業性非常強,學起來要整整一個學期。

　　沒想到他說:「我知道這需要花錢花時間學,那我就付你三萬塊錢一小時,你就來咖啡廳教我怎麼寫吧!盡你所能,能教多少教多少。」

　　於是,我們約在咖啡廳,我帶著在外國學校的課堂講義,用一個小時的時間,非常緊湊地教了他一遍。之後他就沒有再來找我了。他學會後,很快將這項文本服務提供給他的客戶,另外收取費用。

　　迄今為止他做了幾百個網站,從文字內容到網站架設一條龍承包,應該也幫他賺了幾百萬。

　　雖然說這個故事是想強調,專業顧問服務足以收取令人稱羨的高時薪,不過就結果來看,最大受惠者是請我當教練的朋友,花三萬塊錢學成後能賺幾百萬,真的是非常划算的一筆投資!

　　實際上,如果具備領域內的高度專業,顧問和教練在許多領域都是高薪職業。專業人士憑藉其豐富的經驗和專業知識為客戶提供獨特的價值,美國金融顧問的時薪通常在 200 到 500 美元

之間，根據他們的專業背景和客戶需求，有些頂級顧問甚至可以收取每小時 1000 美元以上的費用。科技領域的顧問，特別是涉及人工智慧、大數據和網絡安全方面的專家，時薪通常在 300 到 800 美元之間，頂尖專家的費用甚至更高。

知識是有價的！把東西學回來，無疑能為自己創造更多價值。現在價格動輒幾千幾萬的線上課這麼流行，一對一的教練服務定價為三萬元以上，其實也並不算豪奢吧。

➕ 最能說服人下單的是文案

回想起來，最能說服人下單的還是文案。製作人艾琳曾經問我：「你這個網站設計師教練提供的文字服務，為什麼能夠賺這麼多？很多同學都問，這是因為 SEO（搜索引擎優化）嗎？具體而言你教的是什麼？」

我解釋說：「SEO 當然是一部分，但如果 SEO 做得過頭，網站就會變得不夠 user friendly（用戶友善），因為 SEO 的語言是給爬蟲讀的，是機器讀的，不是人類讀的。這兩者之間需要平衡。SEO 從網站的 coding 開始，到表面上的文案都涉及。而我那位學生學得那麼快，一部分原因是他本來就是網站設計師或工程師，對技術非常熟練。

但網站再好再漂亮、UX（User Experience）再吸引人，最

後能夠說服客戶下單、決定選擇你的，仍然是文案。為什麼他能賺那麼多錢？很簡單，因為這些客戶發現附帶的服務『網站專業文案』非常划算，關鍵在於這些文案真的提高了轉換率。」

艾琳點頭認同：「你這說到重點了！我參加過商會，會做網站的工程師很多，但要怎麼在現有的服務上增加價值，就是靠文字力。原本只提供 UI（User Interface 使用者介面）的服務，加上文字力後，就變成爆高價了嗎？」

「對，有了文字力，客戶願意付更高的價格。內容管理的部分雖然再收費，這些相對於整個網站的價值來說只是一小部分，客戶會為了省去麻煩，相信專業，所以一定會買這個附加服務。」

「真的是超值得的投資，顯示出超有市場的需求。專業加上專業，不是 1 加 1 等於 2，而是 1 加 1 大於 2、3、4 的那種感覺，文字力的威力不可小覷！」

這段經歷讓我更加堅信，文案的力量在於它能夠直接與讀者對話，傳達核心思想，最終促成轉換和銷售。即便是代碼構成的網站上，能夠與活人對話的文字，始終佔有重要地位。

業配和廣告代言

大家應該都很熟悉所謂的網紅業配吧？簡單來說，就是品牌

贊助網紅，讓他們體驗產品後寫評論，分享個人感受，然後推薦給粉絲去買買買。

這類收入可說是網紅最主要的收入，業配合作通常要求網紅有一定的知名度和號召力，畢竟品牌希望透過他們觸及更多的消費者。費用通常在 1000 元到 100 萬不等。

聽說隨著微網紅崛起，也有不給錢的互惠方案，像是免費送網紅產品，換限動或貼文曝光等等。不過我比較不傾向把這類合作叫做業配啦⋯⋯

現在很多微網紅會在粉絲還只有幾百幾千時，就迫不及待和廠商合作，乃至收到禮物、或是 500～1000 元的酬勞就願意幫忙曝光，雖然短期內能拿到一些小小的報酬，但長遠來看，這其實是一種信用上的「透支」。

為什麼呢？試想一下，如果你的粉絲原本是因為你的個人特色、你的觀點、你的幽默感而來，結果某天開始發現，你的內容裡夾雜了不少推銷文、限動標記品牌，甚至每篇貼文都在推薦某個商品，他們會怎麼想？

一開始可能覺得：「啊，這個網紅開始有點影響力了，恭喜！」但當業配越來越多，甚至推薦的東西五花八門、毫無一致性，粉絲可能會懷疑：「你是真的喜歡這個，還是只是為了錢？」

這就是所謂的「信用消耗」。對於粉絲來說，他們關注你是

因為信任你，覺得你的內容有價值，或至少能帶來娛樂。但如果你的內容變成了業配大雜燴，他們的信任感就會下降，甚至有些人會選擇取消追蹤，畢竟，誰想天天被廣告轟炸呢？

如果你習慣了500元、1000元就接案，甚至免費幫品牌曝光，那未來當你粉絲數變多、影響力增強，想談更高的合作費用時，品牌可能會覺得：「之前五百元就行，現在憑什麼收五萬？」到時候，你會發現自己很難脫離低價市場，被困在微網紅的價值區間。更何況，太早進入商業模式，還有一個潛在風險：你可能會無意間把自己的內容生態毀掉。當你還沒有找到自己的獨特定位時，就用業配來填充內容，反而會讓你的頻道失去個性，變成「誰給錢就推誰」的形象，這樣長期下來，高端的品牌可能不敢找你合作，因為你的「推薦」已經沒有信譽可言。

因此我個人建議，如果想靠流量接業配，不妨先專注於建立個人品牌，提升影響力。當你有了一批忠實粉絲，大家信任你的內容、喜歡你的風格之後，等到你邁出商業化的那步，才比較不容易引起粉絲反彈，讓他們心甘情願買單，品牌也才願意付出更高的合作費用。

以我個人開始經營「冏星人」頻道的經驗來說，即使我單集影片的流量已經達到二三十萬流量，卻還沒有接業配；決定接案後，跟我合作的大多是大品牌，像是上市櫃的遊戲、銀行、食品

公司,他們能給的預算也都非常漂亮。

自媒體業者無論何時都要記住,非商業化的分享,是一種「存款」。商業行為,是一種「提款」。只有作品的產量夠大,存款夠多、乃至就像能生利息的基金自動成長時,才有資本去頻繁提款。

✚圖文業配和影音業配的差異

早期在網紅經濟尚未成熟時,YouTuber業配的收費標準,大約是多少流量就能等比換成一樣的金額。意即,如果你頻道影片的平均流量約為20萬,那麼一集業配開價就是20萬新台幣。

2018年後業界逐漸形成以訂閱數為憑的級距標準,例如10萬訂閱是10萬元一支、10～30萬訂閱是15萬元一支、30～50萬訂閱是20～30萬元一支、50萬訂閱以上有望達到30～50萬元一支,最高通常不超過50萬元,訂閱的價值存在邊際效應。少數流量和變現率都非常高的網紅,可以收到百萬元一支業配,不過那樣的案例算是鳳毛麟角。

近10年來行銷預算有越來越集中到影音業配的趨勢,畢竟網路串流影音就是舊時代的電視,受眾最廣最多,而且影片的技術門檻較高、製作成本很硬,短短幾分鐘所耗費的工時可能高達幾十個小時,也難怪影音業配的報酬如此誘人。

圖文的業配行情如何呢?社群流傳著各種開價「祕訣」,最常見的就是:「每 1000 粉絲收 1000 元」、「限動曝光 24 小時收 3000 元」,但這些算法其實一點都不實際。

首先必須認識到,圖文業配和影音業配在品牌的行銷預算裡採取了截然不同的策略,目標和衡量標準也不太一樣。

1. 圖文業配多是「直接銷售導向」,影音業配則更偏向「品牌形象建立」

圖文業配(Instagram 貼文、限動、Facebook 貼文、部落格文章)通常比較「直球對決」,品牌希望粉絲看完馬上購買,直接帶流量到電商平台,所以品牌會用變現率來衡量是否划算。

影音業配(YouTube 影片、短影音、直播)則更像是 branding(品牌經營)的一部分,除了轉單,也希望提升品牌知名度、加強市場滲透。例如一支 5 分鐘的 YouTube 影片可能有一半時間都在講故事、分享體驗,而不只是單純推銷產品。這類業配的效果不一定是立即變現,而是希望長期影響消費者的購買決策。簡單來說,圖文業配是「立刻成交」,影音業配則是「品牌投資」。

2. 圖文業配的壽命短，品牌需要快速回本

IG 限動 24 小時就消失，FB 和 IG 貼文可能幾天內就被新內容淹沒，基於 Meta 社群演算法，圖文業配的曝光期非常短，如果沒能在這段時間內帶來有效轉換，品牌基本上就算虧了。

影音業配（尤其是 YouTube）壽命長，影片可能在發布後幾個月、甚至幾年都還能持續帶來觀看和轉單，所以品牌不會只看短期轉換率，而是更在意整體影響力和長尾效應。

3. 影音業配成本高，品牌衡量標準更靈活

圖文製作成本低，可能只需拍幾張產品照、寫篇心得文，甚至只是幾則 IG 限動，品牌自然會用性價比來評估投資報酬。

影音業配的製作成本高，一支 YouTube 影片可能需要拍攝、剪輯、場景設計，甚至有演出、劇本等，品牌通常願意給予更高的預算，因為除了短期轉單，還有品牌曝光的附加價值。因此品牌不一定會嚴格要求立刻見效，而是看長期影響力。

✚ 如何開價？關鍵在 ROAS！

所以圖文作者該如何開價，才不至於吃虧也避免嚇跑廠商呢？請牢記認識一個術語：ROAS，全名是 Return on Ad

Spend，簡單來說就是「廣告投資報酬率」。

ROAS = 廣告帶來的營收 ÷ 廣告成本

如果品牌花 1 萬元找你合作，結果透過你的推薦只賣出 1 萬元的產品，那 ROAS = 1，這意味著品牌沒虧沒賺。但如果品牌投 1 萬，結果銷售額達到 3 萬，那 ROAS = 3，這就是「投資報酬率 3 倍」，算是划算的合作！

品牌當然希望 ROAS 越高越好，至少要大於 3 才能算是值得的投資。如果 ROAS 小於 1，品牌等於虧錢，下次就不會再找你了。

所以開價時，不能靠感覺，而是要評估自己的變現能力。

舉個例子，假設你在 IG 推薦一款 1000 元的保健品，你預估能有 100 人下單，等於幫品牌帶來 10 萬元營收。品牌要求 ROAS 至少 3，那他們最多能接受的廣告費是多少？

10 萬 ÷ 3 = 3.3 萬元

這意味著，如果你的開價在 3 萬內，品牌才會覺得划算。

在能接到商案前，每個人都不知道自己的變能力，所以需要先合作幾次，你才漸漸能捉摸清楚自己社群的變現能力。自問以下幾個關鍵問題：

1. 你的內容能帶來多少流量？
2. 你的粉絲平均轉換率如何？（比如貼文有 1 萬人看到，

最後有多少人買單？）

3. 你推過的產品，實際賣出多少？

如果過去的 ROAS 通常在 5 以上，那你有資格開高價；如果 ROAS 只有 1.5，那代表你的變現能力還不夠強，開價太高只會被品牌拒絕。

你可能會發現，接不同的商案，ROAS 有時候高、有時候低，這是為什麼呢？這可能和商品有關，例如你是經營一個戶外運動社群，那麼你的讀者多半對運動和健康用品有興趣，反之對時尚美妝商品興趣缺缺。這種情況，你就可以根據銷售成績來選擇接適合的案子，達到事半功倍的效果；或是知道預期的 ROAS 不會太高，就開比較低的價格以提高合作的成功率。

總之，重點在於了解自己的銷售能力，做出合理的開價。

來分享個有趣的經歷。有一段時間我的業配邀約太多了，忙到不可開交，於是把洽談專案細節的事交給助理處理。那天助理回來告訴我談妥了價格，我看了一眼 Email 記錄後，差點沒昏倒。

這個案子我非常熟悉，是財經相關的內容，由於我算是在這個領域耕耘多年，讀者普遍很關心這類話題，我也有經驗和知識，知道該怎麼寫，知道讀者的痛點在哪裡。

這個產品是一套「一百天陪伴的財富成長」課程，最後的銷售額將近九十萬。大家猜猜看，我為這個案子幫他們寫了一篇文

章,收了多少錢呢?

許多人會猜這樣的案子應該價格不低吧。我在直播課詢問時,有人猜五十萬,有人猜一萬,到底是多少呢?

答案揭曉:當時助理談的合作價格是六萬塊,六萬塊!而我幫客戶賣了快九十萬營業額!

我當時真的是快吐血,助理把我賣了個夠本。他現在已經不是我的助理了(笑),喔放心,他不是這個原因離開的啦。

順帶一提,如果有機會進入這個行業,作為一個好的助理或者經紀人,懂行情真的很重要。一般來說,合理的抽成範圍是 15～30%,所以按照當時的八十幾萬來算,我應該賺個二三十萬才合理,但助理竟然只談了六萬塊。結果我虧大啦,實在是令人哭笑不得!

演講講座與課程

公開演講,這可是大家相當熟悉的領域。我設定為三萬追蹤以上比較容易接到這類工作,不過實際上這個範圍非常廣,不一定要特別有名才有機會受邀去演講。

學校的演講行情,參與過的朋友應該知道,講師的公定價大概是每小時 1200 元,頂多再補貼一下交通費,可能會用攝影費

之類的名目再補貼幾千塊，勉強請得到稍微有名氣的人。

不過，為什麼有些演講費用可以高達三萬塊一小時呢？其實有名的人可能會更高，比如百萬級的 YouTuber，他們或許一場演講就能賺十萬元以上。記得喜劇演員曾博恩因為夜夜秀爆紅後不久，有學校邀請他去演講，同學們被其經紀的薩泰爾公司十萬的開價震驚到在網路公開此事，瞬間引起不小的轟動。

那時我就笑著跟同行說，比劉墉大師便宜多了！因 2016 年左右，我在劉墉官網看到他老人家一場演講的官方定價是六十萬台幣。在臉書討論此事時，同為網紅的黃大謙還驚愕地留言來問：「他是去 NASA 演講嗎？」

當然不是，哈！無論誰來邀請，劉先生演講的公定價就是六十萬。

講到行情，我自己特別喜歡接受商業講座的邀請，尤其是公司或企業內部的培訓講座。除了他們的預算比較高外，講起來也比較輕鬆。畢竟去學校演講，面對的是一群被釘在椅子上的學生，不一定每個人都想聽，但社會人士的積極度會高一些，互動也更自然。

當然，不是每個網紅或名人都有辦法接到商業邀請。一般泛娛樂類型的網紅或 YouTuber，受眾較為年輕，學生對他們比較熟悉，所以通常收到的邀請也是來自學校。

我建議大家平時給自己塑造一個「偏專業」的形象，可能更容易受到企業的青睞，酬勞也會高一些。學校演講的酬勞通常是每小時 1200 元，但是別忘了你演講前要準備內容、要製作投影片啊！雖然演講主題可以反覆使用，但有些學校會指定主題，內容就需要重新準備了。

　　前置作業的工時加進去換算下來，演講一兩個小時酬勞只有兩三千元，對於老牌的文字工作者來說，算是非常低廉的報價。尤其如果是來自外縣市的邀請，相當於半天到一天的行程，有經驗的講者去學校演講基本上帶有公益性質。

　　記得以前某家銀行為了推廣他們的信用卡，在台北剝皮寮辦了一個閱讀講座，可能是因為要主打小資族、省錢和知性的形象，找我擔任講座主講人。結果將近一個小時的時間，我就天南地北聊著天，接受現場來賓提問，加上 QA 半個小時，最後領了五萬塊錢走。商業講座的行情大致是這樣。

　　有人聽說後反倒非常好奇，怎麼會有這麼夢幻的邀約呢？是不是要有很多粉絲？

　　與其說看粉絲數，不如說是看影響力。很多企業內訓或商業講座的邀請者通常是人資部門或相關主管，這些人在企業內有一定的影響力。平時大家開電腦滑手機，雖然會收到大量的數位資訊，但中階主管以上的上班族普遍算是文字的重度使用者，更傾

向於用文字接收訊息，畢竟影音內容可能偏向娛樂。（關於文字重度使用者的族群特徵，在本書後面還會提到）

有很多比我粉絲少得多，可能只有幾千人的講師，他們一場演講或講座的行情也是好幾萬元。可見知名度和酬勞沒有太大的正相關性。

如果你平時有用文字經營自己的形象，比較容易提高在商業領域的能見度，也更能觸及到中高階主管或 HR 這些族群。這樣一來就更有機會收到商業講座的邀請，提升自己的收入。

傳統媒體通告

現在大家應該很少再聽電台廣播了吧？大家都轉聽 Podcast，不再看電視，主要是看 YouTube。可是，如果你有些小小的聲量和知名度，電視節目還是可能會找你上節目。如果你是個網紅，有點話題性，那麼上電視、上廣播就不成問題了。

有個小撇步：就算你的追蹤人數不到 1000，只要你出過書，出版社會專門幫你發通告給各個廣播電台和電視台。所以只要出書，你就很輕易能得到上各大傳統媒體的機會了。

那麼，上這些傳媒有什麼好處呢？

先來看看電視台通告的行情吧，大概是一千到一萬元一集。

2017年我上電視的時候，通告費大約是3000元一集，有些政治節目的名嘴，據我所知，通告費可以達到七八千元一集。

常常上電視的人，確實可以靠這些通告費補貼生活。至於廣播電台呢？一集的通告費大概是500到1000元。當然這些收入十分微薄，但我們上電視、上廣播的主要目標並不是賺這些小零花，而是尋求多一點曝光。

我上過Pop Radio廣播電台和大愛電視台的「青春愛讀書」，至今留著與主持人書煒和哲青一起合照的照片。不過跟嚮往的名人合照當然不是上傳媒的唯一好處，差別在於，你上了雜誌、電台、電視台，就會接觸到一些平常不太上網的、或是生活比較單純的受眾。這樣的機會可是可遇不可求的。

舉個例子，大家知道我生病期間完全停止更新，很多年沒出現在幕前，因病也搞得外貌變化很大。有天我陪朋友去找算命老師，老師在那邊講話講了半天，也聽著我說話。一開始我注意到他看我的表情越來越詭異，直到我快離開的時候，他突然冒出一句：「你是冏星人吧？」

我當場嚇了一跳，心想怎麼連算命先生都知道我是誰。他說他在電台上聽過我的聲音，電台介紹我的書，他聽了那一集，就記住了我的名字。

雖然許多人都說過我的聲線特別，但我有一種感覺，如果不

是因為我上過電台，像這樣不常逛網路的算命老先生也許一輩子都不會對我有什麼印象。

破圈的重要性

現在的網路資訊發達，成天沉浮於網海中的人們，每天接觸到很多網紅和名人。但對於中老年人來說，或是不太上網的人，他們只能透過傳統媒體認識你。所以，這些傳統媒體上的曝光，對他們來說是非常深刻的。

這些中老年人的品牌忠誠度很高，因此透過傳媒去觸及和這一塊市場，是別具價值的。雖然他們的年齡比較大，不太在網路上活動，但他們的影響力卻不可忽視。尤其是在社會地位的建立上，能進入他們的認知圈非常重要。

我的助理以前是跑保險業務的，LINE 聯絡名單上充滿各界人士。有次他又驚又喜地說，看到我的影片被轉貼到一個充滿了大老闆的 LINE 群組裡。要知道，這些手頭上億來億去的大老闆，平時對網紅吃超辣洋芋片之類的影片沒有興趣，能夠引起他們的注意，通俗一點講，你還得是個人物啊！

這樣說並沒有冒犯不同族群的意思，我相信作為一個希望發揮影響力的創作者，雖然無論影響對象是大人小孩、貧窮也好富

貴也好，都沒有關係，但想到「原來某某大老闆也是我的讀者」「那個鼎鼎大名的人物喜歡我的作品」，還是忍不住有種備受肯定的喜悅吧！

我以前做過一系列受歡迎的說書節目，後來到一些交際的場合，赫然發現幾個本身是講者的企業經營者特別去找了我推薦的書目來看，心中感到頗得意。不知那些老闆是從網路或傳媒知道我，總之因對我有些印象，他們對我的態度都相當友善。

破圈沒有壞處，職涯的發展潛力可以上升，個人知名度的深度和廣度也能得到提升。所以我強烈建議大家，儘管出書的利潤不高，但如果有寫作能力，儘可能去出書，然後上傳媒，把知名度發展到大眾範圍。

說到這裡，大家應該知道文字寫作的收入管道不是只有寫書、出書一條。上面我們介紹了八種收入來源，門檻從低到高都有，不管你有名沒名、在哪個平台經營文字，都有很多發展空間。排列組合一下，你會發現自己其實有很多潛力和機會去開拓收入來源。

Chapter2──文字如何產生收入

Chapter 3

現在開始
經營文字會太晚嗎?

+ + + + +

演算法永遠歡迎新人！
你會不會擔心，
現在開始寫文字太晚了？我跟各位講，
無論被遺忘還是被演算法蹂躪，
是我們老屁股需要擔心的事情。

我的臉書粉專已經耕耘 10 年以上了。大約在 2017 年被廠商下了第一次廣告，其後因應各式各樣的業務需求，付給平台的廣告費用恐怕不止百萬。隨著我的粉絲越多、投入的廣告費越多，有追蹤我又能夠看到我貼文的讀者比例卻逐漸下降。

粉專人數看似很多，但因為演算法限制加上有時不知什麼字惹阿祖（臉書創辦人祖克柏）不開心，觸及就會狂降，自然觸及的讀者很有限。

所謂自然觸及，就是指沒有下廣告的情況下，追蹤者能不能在臉書動態牆上看到創作者的發布。

臉書希望粉專主多多下廣告，他們才能賺錢，所以沒有下廣告的貼文就只會推送給非常少一部分人。我有 20 幾萬粉絲，每次發文卻只有不到 2 萬人看到，而且很多人只是略過。那麼數十萬、再多的粉絲，聽起來好像也沒什麼了不起？

幾乎所有平台都是這樣。粉絲數達到某個門檻後，就會開始削減觸及率，讓粉絲越來越看不到你的內容，而相反的，剛起步只有幾千幾萬粉絲時，觸及率反而很高，大部分粉絲都能看到你的內容；平台需要更多的新人作者加入，要永遠讓新人感覺到在這裡耕耘有顯著的收穫，自然不會那麼快就一刀殺下去。

他們會給你流量紅利、高觸及率，讓更多人看到你，甚至免費幫忙推薦。臉書這種玩法，確實讓人又愛又恨。不過換個角度

想，至少對新人來說，也不失為一個機會。只要用心經營，保持內容的新鮮感，說不定就能脫穎而出呢？

要開始經營文字內容，永遠不會太晚，隨時都可以開始。倒是如果你瞻前顧後、想東想西，始終沒有踏出第一步，那就很難抓住到任何機會。

廣大粉絲群，不如高度集中的小眾

你不一定要做網紅，不一定要追求大流量、大紅大紫。有流量跟能賺錢是兩回事！經營社群時，找到自己的專長領域、開發利基市場反而更有價值。

比如說，你是咖啡愛好者、旅遊達人或是格子襯衫控，專注做這類內容，就能吸引到真正喜歡你、認同你的人。把他們聚集在一個社群裡，成為他們在這個領域唯一的選擇，那麼他們自然會成為你忠誠的粉絲。

根據 2024 年 KOL Radar 的《台灣網紅行銷與社群趨勢洞察報告書》，粉絲人數小於一萬的「奈米網紅」佔整體近七成，資料還顯示，專注於特定領域的分眾網紅社群在互動率和變現能力方面具有明顯優勢。

說到目標受眾，很多人都想知道怎樣才算「精準」。我們可

以拿大型網紅來做個反面例子。

最容易吸引粉絲的方式,就是做最多人喜歡的主題。擁有百萬粉絲的網紅,通常做的是生活風格、搞笑影片,吸引來的觀眾非常多元。從小學生到剛出社會的年輕人都有,有內向的也有外向的,喜歡讀書的、愛旅遊的、愛美妝的都包含在內。

這種泛娛樂型的創作者,儘管粉絲眾多,但粉絲組成也相當複雜,很難準確總結出他們究竟喜歡什麼。當要向他們推銷或是設計產品時,卻變得很難掌控。

相比之下,如果你的內容更加專注,比如說只做咖啡相關的話題,那麼你的粉絲群體就會更加明確。你會知道他們喜歡什麼類型的咖啡、用什麼樣的沖煮器具,甚至他們平常會去哪些咖啡廳。這樣一來,不管是做內容還是推廣產品,都能更加精準地切中目標受眾的需求。

受眾精準的好處在於,除了廠商會很直覺地知道什麼商品該找誰能夠賣得最好,因為變現率高,也不用付出太多的預算。簡單來說,分眾社群是性價比高的行銷選擇。

說到這裡,你可能還是覺得有點沒概念,下面用大和小的社群情況分開解說好了。

Joeman 的 YouTube 影片類型非常多樣,但通常都和生活消費有關,因為數百萬訂閱的流量巨大,業配費用也較高。一支影

片也許要價 30 萬元。

假設某個行李箱品牌剛好有 30 萬元預算,那就可以買一支 Joeman 的影片。不過其實有別的選擇,品牌還找到了有三個經營旅遊主題的臉書 KOL,他們分別的開價都是 10 萬,所以三十萬預算可以買三篇推廣文。

這裡我們假設,Joeman 的業配影片有 30 萬流量,而另外三個 KOL 合起來的流量也是三十萬。即使不看過去業績,如果以「賣出最多商品」為目的,身為行銷的你認為「同樣是 30 萬元砸下去,兩邊中的哪一方願意下單買行李箱的人更多呢?」

因為 Joeman 的觀眾可能包括 3C、豪宅、跑車等多個興趣,受眾太複雜了,而臉書 KOL 的讀者都是熱衷旅遊的人,因此可以想見買行李箱的人比例一定更高吧!

最後的成績或許會是這樣:

- Joeman:30 萬觀看人次,100 人下單
- 三名臉書 KOL:總共 30 萬觀看人次,600 人下單

行銷心中就會得出這樣的結論:和旅遊 KOL 合作的 ROAS 更高,在做預算分配時,把案件發給分眾的 KOL。

舉上面這個例子的意思是希望告訴大家,不用為了盲目追求高流量而做太過廣泛的主題,把自己感興趣且有熱情又擅長的事做好,其實就足以在市場上「吃飽」了。

✚ 追蹤財經大師的讀者，都是對金錢感興趣的人

再舉個更極端的例子。有位財經老師「老王」，一開始透過網路平台集資訂閱方案，後來跟人合夥開了投顧公司。他的內容簡單直接，就是投資、財經，幾乎每天都在 YouTube 上傳股市分析影片，臉書上也都是美股趨勢、產業分析這類文章。他很少聊其他話題，除了偶爾提到小孩，讓粉絲覺得他也有家庭生活，顯得更親民。

來看他內容的觀眾，目的很單純，就是為了獲取財經和股票資訊。這種高度聚焦的內容讓他的受眾群體非常明確——都是對金錢有強烈興趣，並且願意投入時間與金錢來學習投資的人。當品牌方想與他合作或他自己推出產品時，就能精準鎖定這群受眾。我們都知道他的粉絲愛錢、對投資感興趣，所以適合的商品可能是記帳 App、理財課程，或是招財開運商品。

雖然這群粉絲的年齡性別可能各不相同，每個人可能還有其他興趣，但你很清楚地知道他們的共同愛好是什麼，他們會買什麼。這就是所謂的精準 TA（目標受眾）。

這種高度專注的內容策略，不只讓創作者能更清楚了解粉絲的需求，提供更精準的內容，還能讓商業合作變得更有效率。當然，並不是說每個人都要做到如此極端的程度，而是找到適合自

己的平衡點，既能展現個人特色，也能清楚鎖定核心受眾，才是經營內容的關鍵。

✚ 從整理房間延伸到整理人生

比較大眾化的例子，我們可以看看一位看起來乾淨清爽的年輕女生，她的 YouTube 頻道主要教授整理收納技巧和高效率的極簡生活方式。這樣的主題選擇其實已經很好地定位了她的目標受眾。

最初，她可能只是從教導如何整理房間開始，比如說如何選購適合的收納用品、把衣櫃裡的衣服摺疊得整整齊齊，或者是如何規劃書桌讓工作更有效率。這些內容吸引了一批對生活品質有追求的觀眾。

隨著頻道的發展，她發現這群愛好整潔有序的觀眾，對於如何規劃生活也很感興趣。於是，她開始擴展內容，教導如何製定年度目標，如何安排每日行程，甚至分享一些時間管理的技巧。這種內容的延伸非常自然，因為喜歡整理物品的人，往往也渴望把生活中的其他方面都安排得井井有條。

這位創作者的風格可能是輕快明亮的，給人一種積極向上的感覺。她可能會用一些柔和的顏色如粉藍、粉白作為背景，搭配簡潔的圖表來呈現內容，讓觀眾看了就覺得「太實用了！我也想

學你這樣做！」，有動力去整理自己的生活。

透過如此內容定位，她的目標受眾輪廓就變得非常清晰了。不同的主持和美術風格會吸引不同的族群，畢竟她自己就是年輕女性。

我們可以推測，她的粉絲群體也是和她類似的人，年齡大概在 20 到 35 歲之間的女生。可能是剛開始工作的新鮮人，或是正在為職場和家庭生活尋求平衡的年輕媽媽。他們重視生活品質，願意投資時間和金錢來打理生活細節，乾淨清爽美美的氛圍是她們的最愛。

選擇合作夥伴時，她也有明確方向。比如說，她可以跟一些居家用品品牌合作，推廣一些有機原料的清潔用品、設計簡約又實用的收納盒或者整理用具，或者是跟一些時間管理 App 合作，教導粉絲如何利用工具提高做事效率，或者跟一些富有質感的文具品牌合作，推廣能夠幫助規劃生活的筆記本或日程本。

進一步，有條件的話，她還可以開發自己的產品線。比如設計一款專門用於記錄生活目標和日常計劃的筆記本，或是推出一系列的線上課程，深入教導如何從整理房間開始，逐步提升整體生活品質。（實際上，這樣的創作者真有其人，也確實遵循著以上描述的路線經營事業！）

已經有很多這樣的創作者了，你當然也能做到。

當內容主題明確，風格一致，就能吸引有共同興趣和價值觀的觀眾。

文字創作也是同樣道理，最具代表性的就是「親子類部落客」和「團媽」，這些 KOL 以圖文分享生活，傳遞的價值觀、愛用的物品，都會召喚來身分、興趣、品味類似的族群。與你產生共鳴的人們，就是你未來展開商業合作和個人品牌的堅實基礎。

文字與影片內容的優劣勢分析

大家都說短影音是流量密碼，但文字內容真的就不吃香了嗎？其實，文字還是有無可取代的價值，甚至在某些方面比影片更有優勢。我們就從各方面來聊聊，文字和影音的優勢。

首先，不要誤會，我並非要把大家推向某個特定方向。我自己因為健康原因，選擇了專注於文字創作，但這並不意味著文字就是唯一的選擇。每種媒介都有其獨特的魅力和優勢。

讓我們來比較一下文字和視覺內容的幾個關鍵方面。

比較項目	文字內容	視覺內容
SEO	強大，因為搜尋引擎更容易抓取和索引文字	較弱，需要透過 ALT 標籤和描述來提高 SEO 表現
吸引力	取決於寫作品質和風格	高，因為視覺元素能快速吸引注意力
資訊深度	深，能提供詳細解釋和複雜概念	較淺，適合快速傳達簡單概念
情感連結	取決於故事講述和寫作技巧	強，因為圖像和影片能快速激起情感反應
受眾差異	教育程度較高、尋求深度資訊的讀者；可能具有更高的品牌忠誠度和消費力	視覺學習者和尋求快速訊息的讀者；年輕、追求趨勢的群體

✚SEO（搜索引擎優化）

　　如果你想讓內容長期發酵，文字絕對是你的好夥伴。搜尋引擎（像是 Google）主要依賴文字來理解內容，一篇優秀的文章可以被索引、排名，甚至在好幾年後仍然帶來穩定流量。相較之下，影片雖然也能被搜尋，但通常還需要標題、描述和字幕來提升可見度，影響力的累積不如文字那麼長遠。

✚ 吸引力

老實說,影音內容的吸睛能力確實比較強。一個好笑的短片、一張設計精美的縮圖,可能幾秒內就能吸引觀眾的注意力。但文字內容也不一定輸,一個有梗的標題、充滿懸念的開場,同樣能讓讀者忍不住點進去。所以關鍵不在於形式,而是在於你怎麼呈現。

✚ 資訊深度

這是文字的主場。如果想深入分析一個主題,文字幾乎無可取代。文章可以條理清晰地解釋複雜的概念,帶入背景資訊、案例分析,甚至讓讀者自己慢慢咀嚼理解。視覺內容則更適合快速傳達簡單概念,但要詳細闡述複雜理論時可能會顯得力不從心。

以知識型內容為主的「口播影片」,也必須先有一個好腳本,這就是必須練好文字才能發威的場域了。

✚ 情感連結

視覺內容在建立即時情感連結方面很強大。一個真摯的表情、一段動人的畫面,能直接觸動觀眾的心弦、快速激發情感。但一篇情感豐富、文筆優美的文章,同樣能讓讀者產生強烈的共

鳴,甚至潸然淚下。

➕靈活性

　　文字內容的可塑性極強。從簡短的推文到萬字長文,從輕鬆幽默到嚴肅深沉,文字都能勝任。視覺內容雖然也有其變化,但在某些方面受限於技術門檻和製作成本。

➕受眾差異

　　選擇閱讀長文的人,往往更願意花時間深入思考。他們可能更注重內容的深度,而不僅僅是表面的娛樂。這意味著透過文字,你可能會吸引到一群更專注、更有思考力的受眾。相反地,影音內容的受眾通常偏向短暫吸收資訊,或者尋求娛樂效果,所以決定做內容前,先可以想想你想要吸引哪種觀眾。

➕持久性

　　優質的文字內容可以經久不衰。一篇好文章可能在多年後依然被人傳閱、討論。相比之下影音呢?如果不是流量超大的「爆款」,很快就會被下一波潮流淹沒。這也是為什麼部落格或長篇報導,至今仍然具有市場價值。

➕製作成本

文字創作的入門門檻較低。你只需要一台電腦或者一支筆，就能開始創作。但如果你要做高品質的影片，可能需要攝影器材、剪輯軟體，甚至團隊支援，門檻和時間成本都更高。

➕結論

文字和視覺內容各有千秋，其實沒有絕對的好壞，只有適不適合的內容策略。如果你希望快速吸引目光，影音可能是你的首選；但如果你想要建立長期價值、深耕某個領域，那麼文字可能更適合你。

無論選擇哪種媒介，最重要的是傳達有價值的內容，與受眾建立真實連結。當然，最強的策略往往是「雙管齊下」，把文字當成手段，練好文字功力，由好文本做基礎，製作出爆款影音，發揮最大的影響力。

選擇來學習文字力的各位，無疑是走在一條充滿挑戰但也充滿機遇的道路上。無論哪個時代，能夠沉下心來閱讀和思考，本身就是一種難得的能力。我認為，只要找到「對的方法」，透過不斷學習和實踐，透過文字展現獨特的魅力，找到適合的表達方式，作者一定能摸索出讓自己的熱情得以維繫的出路。

文字是所有內容的根本

　　字是所有內容的根本。無論是用來整理思維、建立專業形象，還是作為創作的基礎，文字的力量不容忽視。近來短影音已經被視為自媒體創業最主流的型態，抖音、Reels 這類短影音媒體大行其道，人們的注意力被分散得七零八落。

　　根據社群網站 Hootsuite 的研究，短影音平台的使用量持續攀升，特別是在年輕族群中。TikTok 的全球月活躍用戶數已達 10.4 億人，且 24 歲以下的使用者約佔整體的 67%，顯示 Z 世代為短影音用戶的主力。

　　以 Instagram Reels 為例，台灣在 2022 年 4 月開放使用後，短短四個月內，短影音的貼文量就暴增 971%，而且觀看率還比一般圖文內容高出不少。

　　說穿了，就是因為現代人想要「快狠準吸收資訊」，沒耐心看太久的東西。很多短影音觀眾可能是年輕人、愛追流行，或者是忙到沒時間細看長篇內容，所以資訊吸收相對隨機，沒特別目標。大家都偏好輕鬆無腦的內容，越短、越好吸收，越容易受到青睞。

　　但這不代表「寫字沒搞頭」，反而正因為寫長文的人變少了，優質文章的價值正在逆勢上升！

Chapter3——現在開始經營文字會太晚嗎？

　　隨著認真寫作的人變少，優質文章的價值反而提升。根據 2024 年的數據顯示（資料來源：PinTech、MCN7、CNA 報導），文字內容的讀者平均停留時間比短影音受眾高出 35%，且文字內容的忠誠度轉換率達 20% 以上，相比短影音的 5 ～ 10% 高出一倍以上。寫文字可能無法短時間內吸引大量粉絲，但能找到一群真正懂你、欣賞你的死忠讀者。

　　這些讀者雖然可能是少數，卻極其寶貴。對優質內容的渴求使得他們一旦找到喜歡的作者，就會展現出極高的忠誠度，深度連結可能轉化為更強的消費意願，為作者帶來可觀的回報。

　　短影音的觀眾來去匆匆，看到就滑過，喜歡了就按讚，但不代表他們真的願意掏錢支持。而長文的讀者不同，他們願意花時間閱讀，代表他們更投入、信任你，而這種信任會帶來的變現率驚人！

- 長文內容的變現率（如訂閱、贊助、付費文章）可達到 10 ～ 15%
- 短影音的平均變現率僅 3 ～ 7%

　　換句話說，長文讀者不只是「觀看」，而是「願意付費支持」。這也是為什麼很多高價知識型課程、訂閱制內容，還是仰賴文字，因為真正願意花錢的人，通常不會只看 15 秒的影片就掏錢。

常常收到讀者留言，說他們有多麼喜歡我的長文，有人甚至表示追蹤我的帳號就是為了閱讀夠長且有深度的內容。這些回饋時常讓我感到溫暖，也印證了網路世界並非只能透過娛樂性內容吸引關注，仍有一群人在默默尋找值得細細品味的事物。

文字創作的好處顯而易見：成本低、容易被搜尋引擎找到，且能夠深入探討主題，最重要的是，能幫助你建立專業形象。

寫文章時，必須將想法整理得清楚、用字遣詞精準，當你能夠把複雜的概念解釋得簡單明瞭，自然而然就會被視為該領域的專家。而且，文字的嚴謹性與正式感，使讀者更容易信任你的專業性。

此外，文字內容的靈活性無可比擬。一篇優質的文章可以衍生出多種形式：長文、短文、社交媒體貼文、限時動態，甚至可以轉化為影音內容。

參加我的講座不就是一個例子嗎？長達一小時的內容，本質上還是從文字來的。講座結束後，內容可以整理成數萬字的文章，甚至變成課程、電子書，一個想法可以發展成無數種形式，這就是「寫作的價值」。

雖然不同創作媒體的生產環節有所不同，但所有內容都脫離不了文字的根本。即便你想做的是影音內容，腳本、講稿、內容架構，這些都需要強大的文字表達能力。很多人以為短影音只要

好玩就行，但真正能觸動人心、讓人停下來看的內容，背後都經過精心設計。

如果你的腳本夠扎實，短影音的吸引力也會大幅提升。會寫作的人去做影片，其內容很容易比別人更有深度、更有價值，也更容易脫穎而出。

無論最終目標是什麼，作者都不該低估文字的力量。

影音是廣撒網，長文是釣大魚，兩者不是對立，而是互補。別忽略寫作的力量。**若能把文字基本功打好，未來不管是經營社群、拍影片、做課程、寫書，必定能夠如魚得水。**

Chapter 4

AI輔助你寫盡天下事

我們已經來到了，令人激動的AI時代。

無論是要把說的轉成文字，還是把文字轉成影片或音訊都沒問題。

只要別把AI當Google用。

文字的彈性非常大，先有一個文案，就可以把它擴充成各式各樣的格式。尤其因為我們已經來到了——令人激動的 AI 時代。用嘴畫圖用嘴拍片已經不是夢了，無論是要把說的轉成文字，還是把文字轉成影片或音訊的技術，都已經非常容易實現。

從文字到文字

大家都會和 ChatGPT 之類的聊天機器人對話，多數人使用的方式，就是想知道什麼直接問它。我直白地嘲笑：誰叫你們把聊天機器人當 Google 用啊！這類工具最厲害的，其實是根據既有的內容做出調整、修改、萃取和延伸。

由於技術限制，如果你向 ChatGPT 求取資料或觀點，很有可能會得到並不準確和全面的答案，有時候還會得到完全錯誤的資訊，也就是所謂「AI 幻覺」。所以現階段的技術比較合理的聊天機器人使用方法，應該是「fine-tuning」，意思已經有一些內容，然後把它餵給機器人，透過指令要求它調校和生成基於這份資料的答案。

比方說，我可以先有一份文字資料，請求 ChatGPT 用不同的風格和視角重新寫一遍。至於要學習什麼風格，可以是我先丟給它一份資料，讓它分析和學習，也可以是我指定某個特殊身

分,比如請它擔任一位專業的律師、科技部落客或時報專欄作家等等。再或者,跟它明確指示,請使用國中生、高中生或大學生能看懂的語言重新表達一次。

如果我的文章顯得有些文縐縐,畢竟我平時維持著讀書習慣,跟他人溝通時可能產生某些知識盲點,導致寫作角度可能不太貼近大眾。

為了讓不同的群眾看懂,我可以揣摩如何把文字寫得簡單易懂,或是——可以借助 AI 的力量幫我改寫文章,叫它把我的原文換成更易懂的語言,比如說高中生程度就能理解的表達方式。

我偶爾會使用一些特定的指令(我喜歡稱之為「魔咒」),讓 ChatGPT 優化我的文稿。

Tips:ChatGPT 魔咒

- 請分析這些文字,學習 XX 的風格,修改以下文章⋯⋯
- 你現在是位(律師/科技部落客/紐約時報專欄作家)
- 使用(國小生/高中生/大學生)能看懂的語言
- 請分析這段文字的邏輯結構,並提出改進建議
- 請用更生動的例子來說明這個概念
- 請以故事性的方式重新編寫這段內容
- 將這段文字改寫成更有說服力的論述

- 加入更多數據和研究支持這個觀點
- 請用更精簡的方式表達相同的意思
- 將這段內容改寫成適合（書面刊載／社群媒體）的風格
- 加入更多轉折詞，使文章更流暢
- 請以問答方式重新組織這段內容
- 將這段文字改寫成更具新聞性的報導風格
- 請加入更多感性的描述
- 用更多比喻來解釋這個概念
- 請以更專業的角度分析這段內容
- 將這段文字改寫成適合演講的口語風格
- 加入更多具體的行動建議
- 請以更正面積極的語氣改寫
- 加入更多實際案例來支持論點

除了以上列舉的「魔咒」外，技巧還有很多，限於篇幅，就不一一展開了。

用 AI 轉換文字風格

你可能會面臨，得到諸多的資訊來源，試著把其他文章放進自己的文案中引用的難題。除了一個字一個字的改寫，有沒有更

聰明的方法呢？

答案是有的。運用 AI 轉換文章風格是提升寫作效率的重要技巧，以下是具體的操作方法和注意事項：

首先，在開始轉換文章風格之前，我們需要明確目標讀者群體和預期效果。例如，是要將學術論文改寫成大眾化文章，還是要將口語化的內容轉換成正式的商業文件。確定目標後，我們就能給予 AI 更明確的指令。

在輸入原始文章時，建議將內容分段處理，每次不要超過 2000 字，這樣能確保 AI 理解和處理的準確性。

以下面這篇短文為案例，我們分別下不同的 Prompt，看看 ChatGPT 會如何修改。

> 孟格爾是奧地利經濟學派的創始人，也是主觀價值理論的奠基者之一，他的著作有大名鼎鼎的《經濟學原理》。
>
> 過去的人們認為，所有物品具有客觀、內在、不隨人意志變化的價值，而價格則圍繞這個價值上下波動。然而，孟格爾主張，人們對物品的價值判斷是基於個人怎麼想，而不是物品本身有什麼價值。基於個人的偏好、情感、需要以及當時的環境和情境，對價值的評估都是

> 不同的,舉例來說,鑽石是碳元素組成的,本質上就是一顆閃亮的石頭,在 1947 年有個年輕的廣告文案編寫人 Frances Gerety 創作出一句經典廣告語「鑽石恆久遠,一顆永留傳」(A Diamond is Forever),將它賦予了特定的情感和象徵意義,因此鑽石才被視為價值連城的寶貝。
>
> 　　價值的形成不在於物品本身,而在於對該物品做出評估的人,人們覺得它值得,它就會賣得比較貴。值得一提的是,雖然商人在進行商品定位和行銷時能在一定程度上干涉價格,但最後價格還是會由供需市場來決定。

　　提供指令時,可以採用多層次的方式:

　　第一層是「基礎改寫」,告訴 AI 目標受眾和預期的表達方式。例如:「請將這段內容改寫成適合 25 ～ 35 歲上班族閱讀的文章,使用中性、專業但不艱澀的語言。」修改結果:

> **價值來自何處?從孟格爾談主觀價值理論**
>
> 　　奧地利學派創始人卡爾・孟格爾是主觀價值理論的奠基者之一,他的著作《經濟學原理》改變了人們對價值的理解。
>
> 　　傳統上,人們認為物品的價值是客觀的,而價格則

> 圍繞該價值波動。然而，孟格爾認為價值取決於個人的需求、偏好、情感與當下環境，而非物品本身。
>
> 例如，鑽石本質上只是碳元素組成的礦石，但 1947 年廣告文案 Frances Gerety 以「鑽石恆久遠，一顆永留傳」（A Diamond is Forever）成功賦予其愛情象徵，使其身價倍增。
>
> 這個觀念告訴我們，價值來自評估它的人，而非物品本身。市場供需決定價格，但行銷與品牌塑造影響消費者的價值認知。
>
> 對於現代上班族來說，這一概念不僅適用於經濟學，也可應用於職場與個人生涯。個人能力的市場價值取決於需求與展示方式，因此提升技能的同時，也要懂得如何展現自身價值。
>
> 孟格爾的理論提醒我們，價值是動態的，關鍵在於如何創造、傳遞與提升自身價值認知。

第二層是「風格定位」，可以提供具體的參考對象或風格特徵。比如：「請模仿青少年月刊《Muse》的寫作風格，撰寫一篇 300 字以內充滿啟發性的科普文章。」修改結果：

什麼決定了價值?鑽石真的比水珍貴嗎?

你知道嗎?鑽石本質上只是碳組成的晶體,卻比水還昂貴——但這合理嗎?

19世紀的經濟學家卡爾·孟格爾(Carl Menger)提出了一個顛覆性的觀點:價值其實不是物品本身的特性,而是來自人們的主觀看法!這就是「主觀價值理論」的核心概念。

過去,人們認為所有物品的價值是固定且客觀的,價格只是圍繞這個價值波動。但孟格爾指出,價值來自個人需求、環境和情境。例如,在沙漠中,一瓶水的價值遠超一顆鑽石,因為水能救命!

那麼,為什麼鑽石還是如此昂貴?1947年,年輕的廣告人Frances Gerety創作了經典的「鑽石恆久遠,一顆永留傳」(A Diamond is Forever),讓鑽石成為愛情與承諾的象徵。結果?全世界開始瘋狂追捧這種「永恆的愛」!

最終,市場價格雖然會受行銷影響,但真正的決定因素還是供需——只要人們認為某樣東西值得,它就能賣得貴。

所以,下次看到昂貴的東西時,別忘了問自己:這是真的有價值,還是因為我們相信它有價值呢?

第三層是「細節要求」,包括段落安排、標題設計、特定用語等等具體要求。例如:「篇幅控制在 300 字以內,保留原文的資訊,在結尾加入一個嗆老舊價值觀的玩笑。」輸入指令後的修改結果:

> **價值的真相:鑽石為什麼這麼貴?**
>
> 你以為鑽石貴,是因為它本來就珍貴?不,其實它只是閃亮的碳。奧地利經濟學派的創始人卡爾・孟格爾(Carl Menger)早在 19 世紀就揭穿了一個驚人的事實——價值**不是**物品本身的特性,而是來自人們對它的認知!
>
> 傳統觀點認為,物品的價值是固定的,價格只是在這個價值附近浮動。但孟格爾發現,價值是主觀的,不同人、不同時代、不同情境,對同一物品的價值判斷完全不同。例如,一瓶水在超市和沙漠中的價值顯然不同,而鑽石的天價更是行銷與情感象徵的產物。
>
> 1947 年,廣告文案 Frances Gerety 只用一句話——「鑽石恆久遠,一顆永留傳」,讓鑽石變成了愛情的象徵,成功地改變了人們對它的價值認知。結果?全球瘋搶,價格飆升。但即便行銷有影響力,最終決定價格的還是市場的供需。

> 所以,下次有人跟你說:「這東西本來就值這麼多錢!」,記得回他一句——價值是人類腦補的,別讓老一輩的舊思維綁架你的錢包!

以上三個層次的指令,可以自由混搭,令文字修訂工作達到前所未有的效率。

從語音到文字

我理解,看本書的讀者中,可能有人覺得:「我本來就不擅長寫作啊,我只會說話。我是來學習寫作的,你卻一直在談如何改寫。」沒關係,如果你覺得自己比較擅長口頭表達,我接下來就來示範一下,如何將口頭表達轉化為書面內容。

方法大致分為三個步驟:
1. 把談話內容錄製成音訊檔案
2. 使用 AI 工具生成逐字稿
3. 請 AI 將口述內容整理成文章

這個技巧特別實用,尤其是在處理長時間的口頭表達時。

舉個例子,如果你參加過我以前在 YouTube 頻道上的直播,可能注意到我通常會連續講一個半小時,涵蓋多個主題,有時還

會與聊天室互動,內容可以說相當混亂。講完之後,我自己都不太記得具體說了些什麼,似乎有觀點又好像沒有明確的論點。

這時只要有逐字稿,可以讓 AI 幫我完成內容的整理,做得比人類還好、還快。

你需要先做的是利用「Memo AI」或是「Goodtape」之類的語音轉文字軟體,把一整段音訊轉化稱逐字稿;想要獲取好一點的結果,通常會需要付費取得。由於這類工具現在在網路很普遍,不一定要使用我推薦的。

接著打開 ChatGPT 的界面。我已經訂閱付費版本,能夠使用 ChatGPT 4o 的模組,這個版本的重要特色是在左下角有一個附件上傳按鈕,這正是我們今天要用到的關鍵功能。

準備好直播的逐字稿,你會發現這個逐字稿的原貌簡直慘不忍睹,看起來相當混亂。這是因為它完全按照我說話的方式記錄下來的,包括了所有呃呃啊啊的口語表達,中間插入與聊天室觀眾的互動。如果讓一個人工助理或編輯來整理這樣的稿子,恐怕會讓他們頭疼不已,就算花費半天都整理不完,整理出來的準確度也有待商榷。

> 科目三完整名稱叫做《廣西科目三》。科目三的原意又是中國大陸的那個考駕照的科目之一哦。那《廣西

科目三》這個舞蹈，據傳是在廣西的一場婚禮表演。因為這個眾人跳舞的樣子非常的絲滑，印象深刻。所以呢，就有網友打趣說，廣西人一生中會經歷三場考試。科目一是唱山歌，科目二是吃米粉，科目三便是跳舞。就是用這句話來稱讚，就是用這個科目三來稱讚就是廣西人很會跳舞這件事情。就沒有想到，你看嘛，婚禮上也隨便抓幾批人，這些人動作居然都可以如此絲滑。那廣西人是不是真的又會唱歌又會跳舞呢？那總之呢，就讓舞蹈就因此在網上流傳了。然後是在六月的時候，抖音的直播主，改編了原有的廣西科目三舞蹈。他搭上了笑傲江湖DJ版的音樂，製作出了新版的科目三。新版科目三節奏強烈，音樂輕快，還有洗腦的舞步。

　　所以發布之後呢，就吸引了不少的關注，再度在網路上爆紅。他紅到什麼地步呢？就是有一些這種訪談型抖音的那個，抖音UP主，訪談型的TikToker。他們就是，反正我自己有時候會翻到，他們會拿著麥克風在這個大街小巷的這個，主要是國小、國中的學校去採訪這些學生，說一句話證明你有玩抖音。然後呢只要說三個字，科目三，然後這個小朋友就馬上就開始跳，就跳這個相應的舞蹈，就可見這個科目三有多紅啊。然後是在這個科目三的舞

> 蹈爆紅之後呢,從中國大陸那邊就掀起了一股新的熱潮,就是海底撈,大家知道就是這個。我一聽說這個海底撈這個火鍋店,它不是新的喔,這個是在我小時候大概11、12歲的時候,這家店就有了,我小學11、12歲。我都不知道後來它會變成這麼高檔的火鍋店,它以前就是那種很普通的火鍋店啊。好,那就中國大陸的海底撈,就有一個風潮就是要請服務生到桌邊跳科目三。然後這也是引發了一些爭議嘛,就是搞得你那個服務生乖乖的端茶送水還不夠啊,你還要讓他跳舞,就是把人家的尊嚴是踐踏到哪裡去了(以下略)

可把這份看似雜亂無章的逐字稿交給 AI 後,情況就大不相同了。我們只需要給 AI 一些明確的指令,它就能夠迅速處理這些資訊。僅僅在彈指之間。

因為逐字稿有點長,可能不被允許貼到對話中,所以我採用上傳附件 TXT 檔案的方式,告訴聊天機器人我想要對這些長達幾萬字的逐字稿做什麼處理。

例如,我會這樣指示 ChatGPT:

「附件是直播的逐字稿,內容關於海底撈流行抖音舞蹈的時事評論,請幫我總結為 1000 字左右,意思清晰的網路文案,適

當加入小標題,輸出為正確的繁體中文。」

這個指令包含了幾個關鍵元素:
1. 明確指出附件的性質(直播逐字稿)
2. 說明內容主題(海底撈流行抖音舞蹈的時事評論)
3. 要求的輸出形式(1000字左右的網路文案)
4. 格式要求(加入小標題)
5. 語言要求(正確的繁體中文)

注意,你給的 Prompt 越明確和清晰,輸出成果就會越接近你的理想。ChatGPT 就能夠快速處理資訊並生成文章。處理速度之快,遠超人工編輯的能力。畢竟能夠在短時間過濾掉大量雜訊、準確把握逐字稿中的核心觀點,並不是普通人能做到的。

然而,AI 生成的內容也並非完美無缺。我發現它有時會忽略一些細節,特別是一些個人化的表達方式。因此我們通常不會直接使用 AI 生成的內容,我通常會再次與 AI 互動,進行進一步的修改和調整,最後在投入正式使用前也一定會再次經過人工潤飾。

以這個例子來說,我會要求 AI 保留一些口語化的表達,也要保留具體的案例和比喻,缺乏解釋的部分加以擴充,以使文章更易於理解。我會給 AI 一系列的附加指令,一步步調整生成的內容,直到它能夠非常接近我平時的寫作風格。

這種方法不僅能夠大大提高內容創作的效率,還能確保文章的品質和一致性。

為了方便加入條件,我更傾向用的 Prompt 格式如下:

附件是直播的逐字稿,內容關於海底撈流行抖音舞蹈的時事評論,請幫我遵照以下條件改寫為一篇意思簡練的文章:

1、篇幅為 800 字左右,輸出為正確的繁體中文
2、適當加入小標題分隔話題和結論
3、不要忽略原意和細節,必須保留譬喻方式,使意思簡單易懂
4、適當保留口語化的用詞
5、…………

利用 AI 輔助內容創作是一個值得探索的新領域,讓作者能夠更專注於創意和思考,而不是被繁瑣的文字整理工作所困擾。隨著技術的不斷進步,我相信這種創作方式將會越來越普及,為內容創作帶來更多可能性。

逐字稿經由 ChatGPT 總結淬鍊出的文章如下:

科目三抖音舞蹈:從爆紅到爭議

近來,科目三舞蹈風靡抖音,引發網路熱議。這支源自中國的舞蹈,不僅在年輕族群中掀起跳舞熱潮,甚

至連海底撈火鍋店也加入風潮,要求服務生在桌邊表演。然而,伴隨而來的不僅是熱度,還有爭議。

科目三的誕生與爆紅

科目三,原名《廣西科目三》,最初是一場廣西婚禮的表演,因舞蹈動作流暢,輕快滑順,引起觀眾注目。網友戲稱,廣西人一生中必經的三場考試:科目一唱山歌、科目二吃米粉、科目三跳舞。因為表演者無論年齡、背景,舞步都能如此協調,甚至被誇讚為「天生會跳舞」。

後來,一位抖音直播主將《廣西科目三》搭配《笑傲江湖》DJ版音樂,節奏強烈且輕快,使得新版科目三迅速爆紅。這股舞蹈風潮席捲中國,無論是在街頭訪談,還是在學校校園,只要提到「科目三」,小學生便會下意識地開始跳舞,充分展現了其廣泛影響力。

舞蹈跨界:從抖音到海底撈

隨著科目三舞蹈的爆紅,中國知名火鍋店海底撈也將其納入服務體驗,邀請服務生在桌邊表演。然而,這樣的創意舉措卻引發了不少爭議。首先,部分消費者認為,餐廳員工的本職工作應該是提供服務,而非被迫表演娛樂,這似乎有踐踏員工尊嚴之嫌。

更有甚者,當顧客點播科目三時,音樂聲音嘈雜,

加上舞步熱鬧，常常影響到周圍其他用餐客人，導致口角爭執。這種爭議讓人反思，娛樂化的商業行為是否已經過界。

然而，支持者則認為，海底撈本來就以各種創意服務著稱，如變臉表演、甩拉麵、擦皮鞋、做指甲等等。因此，將科目三融入體驗，既符合品牌風格，又能炒熱用餐氣氛。如果員工跳舞有額外獎金且自願參與，似乎也無可厚非。

科目三風潮入侵台灣：文化輸入的挑戰

科目三舞蹈不僅在中國流行，甚至跨越海峽，蔓延至台灣。近期，台中分店的海底撈員工也被拍到表演科目三，引發網友熱烈討論。有人批評這種風潮是「來自中國的低俗文化」，甚至認為這是一種文化入侵。

然而，從歷史的角度來看，文化交流本無對錯。例如，台灣曾經風靡哈日、哈韓文化，年輕人學日文、取日本名字，甚至在社群帳號上加上韓文名稱，但並沒有因此認同自己是日本人或韓國人。那麼，為何對於科目三卻特別敏感呢？

其中一個原因可能是，科目三與抖音深深綁定，而抖音作為中國的平台，攜帶了大量中國文化符號，讓部

> 分人產生文化侵略的疑慮。此外,也有家長擔心小孩沉迷於抖音短影音,影響學習與價值觀。
>
> **跳舞無罪:對文化現象的中立思考**
>
> 儘管科目三舞蹈被冠上許多批評,但如果撇除政治與文化因素,本質上它只是一支舞蹈,一種流行文化。流行文化的傳播本就是全球化的一部分。對於孩子而言,跟風跳舞、模仿網紅,其實是一種社交行為與自我表現的方式。
>
> 與其擔心他們學到「不良風氣」,不如關注他們在這過程中學到了什麼。如果能從中培養興趣、活躍身心、甚至激發創意,那麼這股流行也不全然是壞事。

由於如何使用 AI 不是這本書的主題,就不介紹太多了。感興趣的朋友如果對上述操作有疑惑,可以追蹤我的 FB 帳號「冏冏」或 IG 帳號 @kyontw,參考更多關於 AI 技術的分享!

追記:快樂哲學復興,「玩」就是最大的競爭力(此文發表於 2024 年 5 月)

我在直播中談及 AI 話題時,總會有聽眾問:「你覺得什麼

職業容易被取代？」或「我是什麼產業的人，會被取代嗎？」

這個問題分為兩個維度：一是人類整體會被取代嗎？二，有多少人會被取代？

大多數意見認為人類整體不會被取代。AI 技術的大躍進就像第三次工業革命，極大提升產能。有些舊有工作會消失，但新工作也會誕生。例如，沖水馬桶發明後，挑糞工人失業了，但水管工人和製造馬桶的工作應運而生。

關於什麼樣的職業會被替代，有一種說法很有道理：每個產業、每個職業都是為了實現某個終極目的。能直接達到那個目的的技能，我們稱為「核心技能」；而作為輔助，讓我們能更快、更有效率達成目的的技能，則稱為「外圍技能」。舉各行各業的核心與外圍技能分別為何，你可能比較好理解。

金融產業
- 外圍技能：大量資料分析、預測，執行交易
  職位：股票交易員、風險分析師、資料分析師
- 核心技能：人際溝通、建立信任，根據需求提供定製化建議、高度創意和情商
  職位：金融顧問、投資經理

醫療保健
- 外圍技能：分析影像、提高診斷精準性

職位：放射科技師、醫學影像分析師
- 核心技能：高度技術經驗、創造力、人際溝通
　　職位：外科醫生、心理治療師

出版產業
- 外圍技能：排版、文字校對
　　職位：美編、校對員、文字編輯
- 核心技能：豐富想像力、敘事技巧、對人類情感的理解
　　職位：作家

音樂產業
- 外圍技能：音訊剪輯、節奏調整
　　職位：音樂剪輯師、混音工程師
- 核心技能：發聲技巧、獨特創意、個人風格、情感表達
　　職位：作曲家、歌手

✚ 判斷你的職業風險

　　從事的職業被 AI 取代的風險高低，取決於他所擁有的是核心技能還是外圍技能。越處於外圍的技能越容易被取代。

　　如何判斷你的技能是否屬於核心技能？那要看你現在所做的事情距離產業要達成的目的有多近。這裡的「遠」和「近」不是物理距離，而是功能上的距離。

舉例來說，所有文創產業的目的是「產出好作品」。產出好作品有很多前置環節，但關鍵靈魂人物是誰？出版業有作家，音樂產業有作曲家和歌手，藝術產業有畫家，電影和戲劇產業有導演和演員。

而那些處於外圍的職業，如校對員、文字編輯、剪輯師、混音工程師、3D建模師、視覺特效師等等，若其水準沒有高到AI無法取代的程度，面臨AI浪潮確實會有危機。

我認為面對未來，每個人需要積極培養自己在產業中的 **# 核心技能**，才能順應AI快速發展的社會。家長和老師在教育下一代時，應注重的最關鍵有三點：

1、培養創造力和批判性思考

鼓勵孩子進行創意實踐，如繪畫、音樂、寫作，這些在過去亞洲教育中不受重視的學科，隨著AI進步將越來越重要。老師應該教導孩子從不同角度分析問題，學會評估解決方案。

2、強調情商和人際交往能力

在未來社會中，我們更需要強調情商和人際交往能力，幫助下一代建立良好溝通技巧，教導他們適當表達情感、理解他人需求、建立合作關係。

3、提倡跨學科學習

未來社會變化越來越大，從現在就要提倡跨學科學習。孩子應學習各種學科，培養綜合素質，有助於在未來職業生涯中靈活適應不同領域需求。現在 AI 技術突然衝擊了各個產業，我們不能保證學會某技能就能靠它吃一輩子飯。實際上，創業家已開始鼓勵人們開拓多元收入，這意味著我們不可能只靠一個技能生存，未來必須成為多才多藝的人。

✚ 找回創造力

對於那些擔心被取代的人，尤其是已近中年、從事外圍職業的人，我想給些鼓勵。

未來的教育更重視創意和個性，與東方填鴨式教育背道而馳，反而接近工業革命前思想家對教育的訴求，甚至呼應了古希臘哲學家伊比鳩魯的快樂哲學派。

首先，重視個性和創造是未來教育的訴求，與快樂哲學派強調人們應追求興趣和天賦、發揮最大潛力的理念相呼應。

其次，關注心靈健康和幸福，也與快樂哲學派認為心靈平靜是達到快樂關鍵的核心觀念相似。

第三，培養獨立思考和批判性思維，就像伊比鳩魯認為透過

理性思考和對世界的理解,人們可達到內心平靜和幸福。

第四,未來教育尊重每個孩子的獨特性和不同需求,提倡個性化教育,這與伊比鳩魯主張人們應根據自己需求和興趣尋求最適合的快樂之道相呼應。

未來的教育方式越來越接近快樂哲學派所主張的:人類活著的主要目的是追求快樂,享受人生。唱歌、跳舞、寫作,現在還可以拍片當 YouTuber。

從某種意義上說,要「拚命玩」,會玩、會享受人生的人,才有辦法產出最有價值的作品。最終,一切行為都是為了養成我們的品味,這是關於審美的問題。

➕時代新機遇

我們可以樂觀地說,那些處於外圍職業、對 AI 浪潮感到焦慮的人,應該試著回到童年時期,想想當時做什麼最快樂。你會發現,幾乎每個人在童年時期都喜歡唱歌、畫畫、玩積木,因為這些是創造性的行為。

人類本能就是有創造性的,我們天生就愛玩樂,只是後來被效率工作所蹂躪,漸漸失去那些才華。**現在 AI 時代來臨,每個人都應該回到最初始、最純真的階段,喜歡玩什麼就去玩。**

看多了電影可能想做編劇、拍一部電影;玩多了遊戲可能自

己也想設計一款遊戲；看多了小說可能自己也能寫一部小說，為他人創造更多娛樂和價值。

即使年屆中老年，想要跨足到別的行業也很容易，因為有 AI 工具輔助。曾經，達到每個產業終極目的的核心技能之所以門檻高，是因為被層層外圍技能形成了障礙。

可是如今，那些障礙都不存在了。

以前製作影片需要好的攝影裝置、打光、剪輯技能、混音技能，打個字幕都很累。現在有簡單的軟體和 AI 工具就能做到。這些外圍門檻被打破了，雖然造成一部分人的危機，但反過來想，所有人都有條件跨足到他想做的、有熱情的產業核心。

結果，我們終於可以不用再做那些重複性的、不好玩的職業了。雖然我們還是需要工作賺錢，但漸漸地可以把工作變得有趣，工作就是玩，玩就是工作，每個人都可以有熱情的工作。

邁向自我實現

根據馬斯洛需求層次理論，我們有生理需求、安全需求、社交需求、尊重需求和自我實現需求。大部分人這輩子都在前面這些基本需求上掙扎，現在突然可以一口氣跨越到第五層——自我實現需求，完成個性發展，實現創造力、道德和價值觀的需求。

Chapter4——AI輔助你寫盡天下事

雖然從事外圍職業的人們可能因 AI 發展感到焦慮，但 AI 在很長一段時間內無法取代人類的創造性和個性。恰恰是這兩項特質讓我們能在文化和創意領域蓬勃發展，並且在各行各業創造價值。

每個人都有獨特的才華和興趣，這些是我們真正的資產。兒時喜歡的唱歌、跳舞、畫畫、積木，這些技能不會停留在兒時的玩耍階段。在 AI 技術幫助下，我們能在設計、藝術、音樂、寫作等等領域創造無數美好作品，為社會帶來豐富的文化體驗。

與其擔心失業，不如將注意力轉向自己的創造性和個性。想想兒時的夢想，現在就可以實踐它。多嘗試不同創意活動：畫畫、用 AI 幫你寫曲、練習唱歌、寫作，在社群發表文章或自費出版，發掘獨特才華和興趣。透過發達的網路，建立個人品牌，吸引更多機會和合作，在自我實現的同時工作賺錢。

這是一個充滿機會的時代，我們都應該好好把握，不管你現在多少歲。我喜歡的《中年的意義：一個生物學家的觀點》這本書提到，多數人在 60 歲以前，大腦的大部分能力都還沒有退化。而我們的創造性是與生俱來的，只是埋沒太久。

也許，現在就是把那個夢想喚醒的時刻，追夢永遠不嫌晚。因為這是人類的天性，創造是寫在我們基因裡的東西。

Chapter 5
好文案的模樣

很多人都在討論：
AI會取代誰的工作？
我始終堅信，
這是文組更有優勢的時代。

2023 年起震驚世界的 ChatGPT，本質是個基於大語言模型的接龍高手，你可能會發現它連國小數學都會錯，可是經過精確指令的調教後，生成的文案又快又好，達到中上水準並非難事。

然而，相信每個人都不會否認，再如何調教，機器人寫出來的東西，好像總是「少了點什麼」？乍看通順的文字，卻充滿資料的堆砌感──對文字敏感者更能感受到，有時修辭顯得空泛、重複，而且先不談資訊正確性，通常缺少讓人眼前一亮的要素。

AI 時代中的文組優勢

是的，AI 確實能夠幫助每個人把文案從 50 分提升到 70 分，但要把文章從 70 分提升到 80 分、90 分，甚至達到 120 分的水準。也就是讓它除了「合邏輯」之外，還要「有個性」「有文采」「有觀點」，最關鍵的其實是作者的「風格」和「洞察」。

以上兩個元素都極度仰賴個人的努力和沉澱，需要透過感性的力量、敏銳的觀察力，以及對事物真相的深刻理解。

假設以前市面上存在著 30～100 分的作者，平均分是 60 分，許多未受專業訓練的作者能夠拿到比 60 分好一點的分數，就足以在市場存活。而今後在 AI 的協力下，70 分以下的創作將不復存在了，任何人在 AI 的幫助下都能達到中上水準，既然中上水

準是市場的新基準，唯有「上」的水準才有機會在競爭中脫穎而出。企業或機構對文案的要求無法止步於「懂中文就好」，勢必積極尋找在文字表達上精益求精的人才。

AI 能夠協助我們完成基礎的寫作工作，但真正能打動人心的內容，始終需要人文素養的加持。

很多實際用過 AI 生成文章的人，都一定有察覺，無論怎麼調教，聊天機器人寫的文章還是難以避免「AI 感」，那「AI 感」到底是什麼？

邏輯不通？意見似是而非？未必，最大的問題其實是：現今階段的 AI 做不到活用各種語彙、微妙的「失序」造成的「靈動感」。因為 AI 只會按照設定的規則生成文字，缺乏真實的社交經驗，每一個想法要從何角度切入來達成最有效的溝通，它往往缺乏機動性。

只有活人，能以字詞為單位，把語言切成極小的片段，針對不同的感性理性、資訊密度層級等諸多需求來輸出。寫作能力越高超，運用這項能力越是順暢無礙。

拿感性的程度來說，AI 也許有 1～10 的級別，真人則能細分到 1～100 的級別，並且真人的「感性」也劃分為許多種，是要「稍微克制」，還是「熱情奔放」，所能運用的語彙千千萬萬，無法簡單用數字來分級。

沒有經過訓練的人,別說寫出 10 個級別,3 個級別都有難處,而透過運用 AI 能令他們的寫作能力大大躍升。但是,躍升到的天花板也非常明顯;AI 讓基礎寫作變得容易,反而更突顯了具備深厚文化底蘊、敏銳洞察力的作者有多麼難得。

　　文字領域如此,理工領域也有破天荒的變化。現在任何人都可以使用 AI 設計程式,懂得好好運用指令和機器人溝通的工作者,不僅能夠在文案上展現登峰造極的技藝,還能跨領域到程式設計的範疇,讓技能和效率都更上一層樓。

　　這就是為什麼我說,文組的時代來了!

低互動 vs 高互動文案

　　我在 2024 年初所舉辦的「AI×文字力」大師工作坊,提出了「流量密碼九宮格」的教案:有些文案能夠獲得高度互動、有些卻乏人問津,最大的成敗關鍵在於「主題」。然而,好的作者其實有辦法把冷門主題都寫成高流量文章。在開始深入分析之前,我想先和大家一起觀察幾個真實案例。

　　首先讓我們看看一則互動率較低的財經課程業配文案。貼文來自一個擁有五、六萬粉絲的帳號,從整體的互動狀況(60 讚、3 留言、1 分享)來看,成效不甚理想。仔細觀察這則文案,作

者分享個人感想,提及和講師有私人交情,試圖帶出可信度,推薦語非常精簡。

除了篇幅較短之外,大家不妨留意它的開頭方式、行文結構,以及整體的特徵。

> 其實市面上投資課程百百種,到底哪一種好哪一種該買,其實就看每個人想學什麼了。如果你對於比較偏產業分析與價值評估的投資方式有興趣,XX 近期推出的這堂課程,我覺得是蠻到位的,某個程度來說,跟我自己投資的評估方法,是相當類似的。
>
> 之前跟 XX 創辦人一起吃過飯,感覺得出其深厚的投資評估功力。如果對於學習估值有興趣,這是一堂可以參考的課程。
>
> 目前 11/26-12/10 限時 78 折
>
> 結帳輸入(優惠碼)可享專屬優惠折扣 350 元
>
> 課程連結 - XXXX
>
> (60 個按讚,3 個留言,1 個分享)

有些讀者看到廣告業配就自然心生反感、甚至直接略過。可是即便如此,以數萬人追蹤的粉專來說,這樣的互動率顯然有改

進空間吧！

讓我們接著看看幾則互動率比較高的文案。

嘿，作者總得秀兩把刷子，以下拿自己的作品來示範。

第二則文案同樣是推薦財經課程的業配，獲得了超過 6000 個讚，將近 500 次分享。雖然我的文案通常都頗長，但篇幅當然不是互動高的關鍵訣竅啦！請大家特別注意我的開場方式和整體結構，以及這些高互動文案中的共同元素。

最後的案例同樣獲得了可觀的分享次數。這是我撰寫的一篇關於台灣行人路權的文章，獲得了超過百次的分享。

建議大家將這三則文案並列觀察，思考它們的共同特徵：開頭如何吸引讀者？論述如何展開？為什麼這些文案更容易引發讀者的共鳴，進而按讚、分享？

你或許聽過一種說法：只要每個月能創造大於支出的被動收入，就等於財富自由，若能投資一項年化報酬率為 5% 的金融商品，以每年生活費為 40 萬元的情況來計算，無論多少歲，存到 800 萬就能退休。

前者的情況，你需要一筆不少的退休金，不懂投資很難累積得到；後者的情況，你更必須懂得投資，才能

為自己創造正現金流。

也許有點危言聳聽，但我認為對於社會上的大多數人而言，學習投資理財不是為了變有錢，而是避免變貧困。

這是 2 年前我寫的文章「投資不是為了致富，而是避免變窮」第一段話。

這篇文章之後，我又寫了「複利魔法：不投資，你損失的是什麼？」

你有一個銀行帳戶，每天都會進帳 1440 元，這個戶頭裡的錢任你使用，但每過一天，不管你花了多少，它就會自動清零，然後再進帳 1440 元。帳戶的錢無法累積，你每天的額度永遠都是 1440 元，沒花掉，就錯過不再。

這個帳戶是「時間」。時間待每個人都是公平的，無論你是什麼階層的人，每個人一天都只擁有 1440 分鐘，浪費掉的時間永遠無法再回頭。

幾年前聽過這個關於時間的譬喻，對我的衝擊十分之大，我終於醒覺到不好好把握時間是一件多恐怖的事情。有趣的是，原來把時間比喻為金錢，人們才能比較具體地感受到時間消逝的痛。

這個痛也包括你錯過了時間帶來的「複利效應」。

當我把放了 10 年後增值 10% 的台灣基金從帳戶中提領出來時,一邊忍不住感嘆當初的投資眼光實在太失敗了,一邊看著存款數字想像了一下:如果 10 年前有做更多妥善的投資,我的帳戶上可以多多少錢呢?

比如說,如果當時我願意做多那麼一點點功課,把 10 萬元投資到年化報酬率在 7% 左右的台灣指數型基金 0050 上,10 年後這份資產會增加到多少?

相信多數人思考的時候會先計算 100000×7%,發現只有 7000,然後直覺反應,應該也沒有多少吧?

我曾經問過一個不做投資的上班族朋友:「為什麼不把閒錢拿去做投資呢?」

她回答:「我有研究過啊!大家都推薦 0050,可是它每年差不多就漲個位數的 % 數,我存款也沒有多少,投資不會讓小資族變成有錢人。」

「投資不會讓小資族變成有錢人」,她說的是真的嗎?我們來看看,如果不花掉每年賺到的錢,而把每年的投資報酬再投入、繼續利滾利的話……

第一年,100000 元的資產增加 7%,變成 107000 元;

第二年，107000 元的資產增加 7%，變成 114490 元；
第三年，114490 元的資產增加 7%，變成 122504 元；
第四年，122504 元的資產增加 7%，變成 131079 元；
第五年，131079 元的資產增加 7%，變成 140255 元；
……

以此類推，到了第十年，總金額會變成 196715 元左右，接近原來的兩倍！

再進一步計算，把投資期間拉長到 20 年，一樣是年報酬率 7%，10 萬元本金會變成約 386968 元，接近原來的四倍。

這就是複利的魔法，即使看起來微不足道的績效，只要持之以恆，也能帶來巨大的收穫。重點是，你的投資活動必須越早開始越好。昨天沒開始，今天也沒開始，就永遠也不可能享受複利的結果。

不知道讀者在看到他人搖旗吶喊投資理財有多重要，卻仍然無動於衷的時候，是否真的有想清楚過自己所做出的「不作為」是什麼。在我看來，一個賺錢不多、沒有遺產、沒有房子的年輕上班族知道正確投資的方法而不做投資，等於昭示了他們的想法是：

> 1、不介意老了以後過著貧窮的生活
> 2、不介意一直工作到 65 歲乃至更老
> 3、老了打算讓子女養
>
> 第一種和第二種想法我都可以尊重,但第三種想法令我不禁同情起這些人的子女。華人有道是「養兒防老」,那些直到老年都無法經濟獨立的人,生小孩是為了讓小孩長大後贍養自己,想當然的,大多數要養父母的小孩自己也長年存不了錢,只好再寄望於下一代,就這樣造成惡劣的循環。
>
> 要開始或終結這個循環都是有可能的,我們大多數人不是萬中選一的創業天才,也沒有中大樂透的好運,避免貧窮的最簡單方法就是學習投資理財。
>
> 坊間已經存在各種各樣的理財課程,多針對單一領域,比如台股、美股、房地產,有些甚至細分到現貨當沖、期貨、選擇權、權證等等。
>
> 其實,我們生活在機會非常多的現代,資產分配大可以多元化一些。
>
> (以下略)

「現在的小資族第一桶金是300萬，不是100萬！」

為何？難道是因為通貨膨脹？100萬太少了？

「因為以300萬每年有7～10%的獲利績效計算，每個月多加薪快2萬，相當於你創造了一個分身為自己打工！」

進一步說，在談論什麼投資之前，先累積到300萬，才是首當其衝的任務，有了這一筆錢再用錢去滾錢，才會真正「有感」。

「年輕人在累積財富的階段，與其追求穩定的股息配發，不如先注重資產的成長性。」──闕又上老師在接受訪談時，直言不諱地吐槽了市面上迎合著許多人喜好的投資法。

至今記憶猶新，我對觀眾推薦的第一本財經書是闕又上老師的《華爾街操盤手給年輕人的15堂理財課》，原因無他，講的親切易懂，對我有很多啟發。

在華爾街操盤及財務規劃顧問超過三十年的生涯中，闕老師累積了豐富的經驗與獨到見解，回台後積極推廣投資理財思維的教育工作，卻也看見了台灣年輕人的煩

惱與困境。像是明明對未來有焦慮,卻不知道眼下該如何是好。

「首先要有對金錢的渴求。你只要知道,你不想成為下流老人,或再慘一點,成為街友⋯⋯那你怎麼能不行動起來?」闕老師半開玩笑做了個比喻,可是言語中透露著警示的神情。

(以下略)

台灣 #行人路權 低微的狀況,又一個「權力越大越會失去同理心」的展現

凡去過歐美日國家的人,很難忘記在那邊行走有多心曠神怡,我走在溫哥華的市郊時,甚至遇過一輛休旅車的司機在兩個街口以外看到我,就放慢了車速。過馬路之前,即使還差十幾步才上路,我跟司機揮手要他們先過,他們也都遠遠的就停下車讓我慢慢走。

交通繁忙的路段一定有,但不至於像台灣這樣過個馬路還要被車頭逼,好像晚那幾秒鐘會害他們損失幾十萬一樣。

這幾天看了網上的爭執，其中一個令支持行人路權方火大的觀點是，居然認為車輛和行人的尊重是「彼此互相」，車輛禮讓行人，而行人也要儘快通過。

我贊同，不管是哪個場域中，人們互相尊重是應該的，但這個觀點的根本謬誤在於，試圖將行人和車輛置於一個「平等」的位置上，卻忽略了兩者在交通中的本質不對等。

從安全的角度來看，車輛與行人之間存在著明顯的力量不對等。一輛車即便以低速行駛，對行人的潛在傷害也遠大於行人對車輛的影響。因此，車輛應該承擔更大的責任來保障行人的安全。這不僅是一種禮貌，更是一項法律和道德上的責任。

從交通流動的角度來看，行人「儘快通過」的要求似乎合理，但實際上這隱含了對行人自由和權利的限制。行人在過馬路時可能由於年齡、健康或其他原因而行動緩慢，要求他們「儘快通過」無異於無視這些差異。

此外，這種觀點還暗示了一種「權力平衡」的錯誤想法，即行人和駕駛在路上享有相同的權力和責任。然而在現實中，駕駛車輛的人擁有更大的速度和移動力量，因此他們在避免交通事故方面應該承擔更重的責任。

真正的交通文化應該基於對弱勢群體的保護和尊重，而不是強加一種表面上的「互相尊重」來掩蓋真實的不平等。

　　終歸到底，為何許多台灣的駕駛會這麼「衝」，坐上車就以為自己換上無形的盔甲、忘記自己也是經不起車撞的血肉之軀？

　　最近剛好讀了一本有趣的書，由德國語言文化教授 Doris Martin 寫的《慣習》。這本書中性的講解了上層階級的價值觀和處事和中下階層的不同，其中一個章節提到，這些出身於富裕家庭的人們雖然自知得利於天生優勢，跟他人的起點是不平等的，但他們理所當然認為自己應該得到更多，也比較沒有同理心。

　　高權力地位的個體在解讀他人的情緒表情時表現得較差。即使受到再好的教育，普遍習性如此。

　　光是人類階層之間的差異，就足以再證明大名鼎鼎的 1971 年斯坦福監獄實驗成果，即：任何人被賦予權力以後，同理心都會顯著減少。

　　簡單的說，有權力就會踐踏他人，這幾乎是人性。

　　從社會科學的研究成果來看，遏制這種情況最好的方法，就是剝奪權力。所以外國的交通法條會重判肇事

Chapter5──好文案的模樣

> 駕駛,更別談酒駕之類的案件,告到傾家蕩產都有可能。
> 　既然權力使人腐化,最有效的制裁方法當然是不要讓他們有那麼多的權力。
> 　所以,不要談什麼車輛也要被尊重,一邊是坐在冷氣空間裡單腳踩下油門就可以到處遊走的駕駛,一邊是颱風下雨吃了滿嘴沙塵也要一步步前行的路人,前者本來就要承擔起更多的責任。
> 　不然覺得等路人過馬路那麼煩的話,你可以不要買車。每一個有錢有地位的人都是踏著底層上去的,請感恩惜福,我以為這是身處社會上的常識了。

好文案的「文字五力」

經過多年的觀察和實踐,我歸納出好文案的五個要素:故事、知識、風格、結構和洞察。

注意,你不用每次寫文都必須抓住這五個要素,有可能寫寫幹話、或神來一筆絕讚的想法,都可能受到演算法青睞。但是那種情況可遇不可求,更是不可控的。想寫出勝率最高、最容易產生高互動的文案,我建議把這五個要素放進文章裡。

這五個要素，我稱為「文字五力」。

根據不同的題材、面向不同的讀者，作者可以自由發揮不同程度的五力，有時故事多一點、有時知識多一點、有時洞察多一點……好文案不一定有文字五力，可是練好文字五力，就有非常大的機率寫出利於網路傳播的好文案。

- **故事力：觸動人心的鑰匙**
- **知識力：內容的價值基石**
- **風格力：獨特的靈魂印記**
- **結構力：讓複雜變得簡單**
- **洞察力：昇華文章靈魂**

用容易懂的方式來解釋這五點，就是：

- **故事力：能不能引起讀者好奇？**
- **知識力：內容夠不夠有料？**
- **風格力：這篇文章是不是「有你的味道」？**
- **結構力：讀起來順不順？**
- **洞察力：能不能提供新的觀點，讓人覺得「原來還可以這樣想！」**

AI 幫你打底，人類讓它發光

五力之中，故事、知識，和結構，AI 都能做到相當程度；尤其是「結構」的部分，AI 幾乎可以幫我們做到 100% 完善。剩下的「風格」與「洞察」則相對依賴人為花心思。

AI 在「故事」方面很厲害，它懂得各種常見的敘事模型，像是「起承轉合」「英雄旅程」「三幕劇」，甚至是網路上流行的「反轉故事」「勵志翻身套路」，它都能用得很流暢。比如你想寫一篇關於「某個人如何從谷底翻身、最後成功逆襲」的勵志文，AI 絕對能幫你編出一個完整、合理的故事。但是，AI 沒有真實經歷，它的故事很容易變得套路化、沒靈魂，看起來順，卻不一定能真正打動人。

而說到「整理知識」，AI 資料庫是壓倒性的強，這點應該無人有意見。它能瞬間讀取大量資料，比你手動 Google 還快，幫你快速整理出完整的市場趨勢、數據分析、歷史背景、跨領域的知識。不過 AI 缺乏自己的原創見解，它提供的是「別人說過的東西」，沒有獨特的詮釋角度，所以你儘管可以把知識丟給 AI 去整理，但是深刻的觀點要靠自己去總結。

最後，AI 在整理文章結構上，幾乎是無敵的。很多人寫文章會卡住，不是因為沒內容，而是不知道怎麼組織內容，導致文

章看起來亂七八糟、重點不清楚。AI 天生就是結構大師，它能自動幫你排好「開頭 → 過程 → 重點 → 結論」，甚至可以調整層級，讓內容讀起來有條理、易理解。

像本書「從語音到文字」這個章節裡提到的用 AI 整理逐字稿，其實就是運用 AI 超高的重構能力。我們也可以用同樣的方法去重寫邏輯散亂的文章，聽起來簡直像作弊，就算你寫文章邏輯亂七八糟，AI 也能化腐朽為神奇。

AI 幫你打底，人類讓它發光！人類只要集中心力在人類最擅長的事情上就好了。

那麼，具體該如何運用「文字五力」讓你的文案發光呢？以下就逐一概括解釋運用五力的方法。

✚ 故事力：觸動人心的鑰匙

好故事，是人心的鑰匙，開啟注意力的大門。

滑臉書時，有沒有注意到你會在哪些貼文前停留較久？根據研究，人們在瀏覽社群媒體時，對以故事開頭的貼文停留時間明顯較長。試想若一則貼文以「今天跟大家分享理財觀念」開頭，相較於「剛從超商走出來，看到一個老奶奶在數零錢……」，哪一種更容易抓住你的目光？

這種現象其實廣泛存在於各類成功的內容創作中。暢銷書

《被討厭的勇氣》作者沒有直接講述阿德勒心理學的理論，而是以一位年輕人與哲學家對話的故事貫穿全書。許多優秀的教材也都運用類似手法：科學課本用小明做實驗的故事講解抽象概念，數學題以老王買西瓜的情境切入邏輯思考，就連政府的宣導漫畫，也總是透過生動的人物故事來傳達法規和政策。

故事是開啟讀者注意力的最佳途徑，這與人類大腦的運作機制密切相關。

人類本質上是感性的生物，我們透過故事來理解世界，建立關係。天生愛聽故事和八卦的傾向深植於我們的演化歷史中。

八卦行為可以追溯到原始部落時期，這種習性在人類演化過程中具有重要的適應價值：古時候資訊不發達，想知道誰是好人壞人、識別潛在的盟友與威脅，了解社群中的規範與禁忌，不免需要依賴好奇心。

還有生理學上的原因：人類聽到與他人有關的故事時，大腦會分泌多巴胺，這種「獎勵荷爾蒙」令人感到愉悅，促使我們不斷尋求類似的刺激。即使理性上知道八卦可能不妥，我們仍然難以抗拒這種誘惑。

故事的影響力之大，甚至可能改變歷史進程。我喜歡提的一個例子是希特勒，這位美術學院落榜生為何最終成為令人聞之色變的壞蛋？原來，當年希特勒對華格納歌劇十分癡迷，而華格納

的數部代表作中充滿民族主義和個人英雄主義色彩,無形中改變了希特勒的思維方式,最終把他塑造成惡名昭彰的獨裁者。

「透過故事改變思維」的概念,在現代流行文化中也被廣泛運用,許多優秀的廣告和品牌行銷都不約而同地選擇用故事打動消費者。

> 凡去過歐美日國家的人,很難忘記在那邊行走有多心曠神怡,我走在溫哥華的市郊時,甚至遇過一輛休旅車的司機在兩個街口以外看到我,就放慢了車速。過馬路之前,即使還差十幾步才上路,我跟司機揮手要他們先過,他們也都遠遠的就停下車讓我慢慢走。

因此我在寫作時,無論開頭或內文,都會適當加入故事元素。以行人路權那篇文章為例,我以溫哥華市郊的親身經歷開場,描述一位休旅車駕駛的禮讓行為。這則簡單的見聞就是一個極具說服力的小故事,立即將讀者帶入情境,引發情感共鳴。

不要看好像只是一個舉例,開頭寫出來的時候,它好像是旅遊見聞,見聞就是故事。我寫文不會開頭就講道理,也不會開頭就給告訴大家這是廣告業配,必須要先講故事,用來抓取讀者的注意力。

這篇文章裡論述的成分比較多，我不希望把網路文章的篇幅拖到太長，免得讀者的注意力容易飄走，因此我只是草草概述，但仍然加入了一定的敘事成分。

除了引起好奇心之外，也讓文章變得輕鬆好讀。故事永遠可以吸引注意，與其講冷冰冰的數字和文縐縐的理論，講一個故事，馬上能夠吸引到別人的注意力。人就是這樣子的，我們的大腦常受感性主導。

很多人會擔心，我身上有故事，但說起來常常很像流水帳啊！要怎麼講一個好聽的故事呢？

不知道各位平常有沒有看喜劇脫口秀呢？我讀過一本關於喜劇腳本創作的教科書，作者指出，講故事要講得有趣好聽，必須抓住一個重要原則：細節決定成敗。

通常脫口秀喜劇是蠻快節奏的，畢竟只有一個人在舞台上講話撐場，講得太無聊，恐怕就被場下的觀眾噓出場。尤其是非個人專場，只有短短十幾分鐘乃至幾分鐘，必須要在最短時間內抓住觀眾的注意力，每句話裡的用詞都非常關鍵。

試著回憶一下，講故事引人入勝、生動有趣，和講故事像流水帳、令人昏昏欲睡，兩者的表達落差在哪裡？肢體表情、口吻，姑且忽略不計，你應該有注意到，凡能讓人留下深刻印象的故事，通常都有豐富的「細節」。

是的,講好故事的一個重點是要講「細節」。細節是什麼?比如一段買雞蛋的敘事,不要簡單地說「去買東西」,也不要說「去超市買雞蛋」,要說「去家樂福買雞蛋」。要很具體的說超市是什麼超市,買什麼東西也要講的非常細節。

一旦你的故事有細節,觀眾會產生親切感和帶入感,把他帶進這個情境中,會和你發生共感,知道你就是在講身邊的事情。

講到電子產品商場的時候,除非這是一個有必要設定在國外的故事,不該說 Best Buy,因為 Best Buy 可能是歐美人比較熟悉的。在說給台灣人的故事裡,喜劇演員會用「燦坤」或是「光華商場」。你講的故事越接近面向的觀眾讀者越好,要讓他們聽到平常耳熟能詳的名字,這些很細的具體的東西都要講出來。

每個人都各自具有生活經驗,厲害的說故事者可以藉由撈取人們共同的經驗,從而達到用最短的篇幅達到最豐富的敘事效果。例如提到「家樂福」,聽者自然聯想到 2～3 層樓、以手推購物車採購、平價商品為主的法國量販超市;提到「IKEA」,聽者則會自動在腦內勾勒出路徑有如迷宮、寬敞明亮、家具區有人停駐休息、出口賣著好吃熟食(素肉丸?)的瑞典家居商場。

讀者之所以對充滿具體細節的故事容易產生共鳴,因為會從作者提到的隻言片語衍生出結合自己經驗的聯想,用想像去彌補剩下的空白。經過人腦「擴充」過的故事,就這樣變得「有內容」

了。你說,這是不是有如施展魔法的一招呢?

一個不會說故事的人,可能會把上面的故事用這樣一句話概括:「我在國外遇到的車輛都會禮讓行人⋯⋯」

再看一次,加上畫線部分這些經過細節化的敘述,是不是就變得生動、有吸引力多了?

> ⋯⋯我走在<u>溫哥華的市郊</u>時,甚至遇過一輛<u>休旅車</u>的司機在<u>兩個街口以外看到我,就放慢了車速。過馬路之前,即使還差十幾步才上路,我跟司機揮手要他們先過,他們也都遠遠的就停下車讓我慢慢走。</u>

陳述細節只是讓故事變得稍微引人共鳴的其中一個小技巧,因為我的文案重點通常不在故事,所以在細節方面點到為止,只要吸引到讀者的注意力就達成目的了。

✚知識力:內容的價值基石

不知道拿什麼來裝點你的文章時,知識一定是對的。

要抓住人家的注意力,就要講故事,那怎樣才讓大家看完了這篇文章,感覺不是讀完了就算了,還能帶點什麼東西回去呢?

為了引導讀者多做點什麼,這篇文章必須要有「價值」。單

純的故事可能引人入勝,但若要讓讀者願意按讚分享,文章必須提供實質的價值。這就是知識力的重要性。

這裡我就提到,最近剛好讀了一本有趣的書,是德國語言文化教授朵莉絲‧馬爾汀(Doris Martin)寫的《慣習》,這本書講解道,處在上層階級出來的人知道自己和他人的地位是不一樣的,因此比較沒有同理心。這個知識點為我的論述提供了學術支撐。

> ……由德國語言文化教授 Doris Martin 寫的《慣習》。這本書中性的講解了上層階級的價值觀和處事和中下階層的不同,其中一個章節提到,這些出身於富裕家庭的人們雖然自知得利於天生優勢,跟他人的起點是不平等的,但他們理所當然認為自己應該得到更多,也比較沒有同理心。
>
> 高權力地位的個體在解讀他人的情緒表情時表現得較差。即使受到再好的教育,普遍習性如此。
>
> 光是人類階層之間的差異,就足以再證明大名鼎鼎的1971年斯坦福監獄實驗成果,即:任何人被賦予權力以後,同理心都會顯著減少。

藉由這個研究發現,我得以論證:當人類之間的階層差異都

足以導致同理心的顯著減少,那麼擁有權力的人踐踏他人就不足為奇。有權力就會踐踏他人,是人性。要遏止駕駛欺凌行人的行為一個最好的遏止方法,就是要剝奪他們的過度權力。

《慣習》這本書並非專門討論行人路權,和權力的相關論述可能只佔了一兩頁篇幅,但透過平日的廣泛閱讀,我們可以積累各種知識,在適當時機靈活運用,為文章增添說服力和深度。

我在講座中談到安插知識點在文案中時,最常收到的問題是:怎麼知道有哪些知識可以加強文章的說服力呢?是不是只讀足夠的書才能做到?聽起來十分困難!

信手拈來就有可用的知識,自然是博學之人寫作的最大優勢。如果沒辦法做到,我建議重點先加強自己的「邏輯」能力,因為只有先建立好邏輯,你才會釐清從一個事實導向一個結論之間的路徑是長什麼樣的。

正確的路徑往往不只一條,重點是你得把兩個節點之間完美地連結起來,提出的觀點才會容易說服大眾。

✚ 風格力:靈魂的簽名

個人風格,是靈魂的簽名,讓你在文字海洋中獨一無二。

風格是作者的靈魂簽名。如果文章只有故事和知識,卻缺乏個人特色,讀者覺得這個話題好像也不是非看你不可啊,就可能

轉向其他作者，甚至是 AI 生成的內容。

風格體現在遣詞用字、語氣表達，以及整體的情感基調中。

同樣的一件事情、道理，讀者看到這篇文章的時候，就會知道是我寫的，就是很「我」的感覺。「我」的感覺是怎樣呢？整體來講，大部分的文章篇幅我可能會呈現比較內斂的氛圍，不會用太情緒化的用詞，不會想要刻意煽動起極端的想法。

風格是作者的靈魂簽名。如果文章只有故事和知識，卻缺乏個人特色，讀者可能轉向其他作者，甚至是 AI 生成的內容。風格體現在遣詞用字、語氣表達，以及整體的情感基調中。

然而，當需要強調某個觀點時，我會策略性地使用帶有情感色彩的詞彙。

例如「踐踏」一詞，在描述權力與弱勢群體的關係時特別有力，你不會在正式的法律文件或學術著作中看到。因為它是意涵相當負面的詞，當我們說 A 踐踏了 B，那其實是對 A 有點嚴重的指控。

> ……不要談什麼車輛也要被尊重，一邊是坐在冷氣空間裡單腳踩下油門就可以到處遊走的駕駛，一邊是颱風下雨吃了滿嘴沙塵也要一步步前行的路人，前者本來就要承擔起更多的責任。

為了要對比行人跟駕駛之間有多麼不平等，我不是輕描淡寫地說「駕駛的攻擊力和行進速度就是很強很高」、「相比之下路人慢慢的走，沒有開車很脆弱」等等，特意不用平淡中性的詞去陳述，取而代之，用較為強烈的描述性詞語，創造具體的意象。刻意拉長篇幅說：「駕駛是坐在鋼鐵空間裡面，單腳踩下油門就可以到處遊走，行人刮風下雨吃了滿嘴沙塵也要一步一步前行」，凸顯兩方對比。

　　透過細節描繪，讀者不僅看到情境，也看到了故事。

　　我堅持的個人風格，包括把握適當分寸運用情緒性的詞彙。整篇文章不必充斥煽動性的語言，也不該完全平淡無味。

　　你應該也見過那些通篇充滿極端用字、驚嘆號滿天飛的「咆哮體」文章吧？雖然偶爾可以吸睛，想像那種風格會吸引來怎樣的受眾呢？情緒化的表達，必定帶來情緒化的讀者，一是容易使重點偏離，不一定能準確傳達你想要表達的文意；二則是風平浪靜時也就算了，長期在江湖上混哪有不挨刀，被輿論針對乃至炎上時，你會感謝平時養出來的受眾抱持著理性。

　　不過我這樣說，並非意指有情緒不好。情緒就像是文筆的醍醐味：一定程度地透露出自己的喜怒哀樂，讓讀者在螢幕前彷彿能跨過冷冰冰的文字看到你生動的表情，也是非常必要、不能割捨的環節。

在範例的文章中,我選擇在結尾才使用較為強烈的語言,製造了情感的高潮,也為整篇文章帶來了價值的提升。如果缺少這個洞察性的結尾,整篇文章可能就顯得平淡無奇。事實證明,這樣的收束成功讓文章觸動人心、激起讀者迴響。

➕ 結構力:讓理解不再是距離

文案的使命,是以近馳遠,讓理解不再是距離。

儘管我經常撰寫長文,可能涉及複雜的論述,但我始終堅持要讓更多人能夠理解。

你可能跟我一樣,平常喜歡看一些文藝的東西,五花八門的修辭用得很爽,可是切記,文章必須要讓人看懂,在要避免艱深的詞彙,最好還是輕鬆易懂,才能讓我們發揮最大的影響力。

除了用詞淺顯外,結構的清晰對於複雜論述尤為重要。

在學術寫作中常用的「總—分—總」結構就是一個很好的範例。這種結構以一句話點明核心論點,接著分點論述支持證據,最後回歸主旨作總結。這樣的結構即使對閱讀理解能力較弱的讀者來說也相對容易掌握。

在整體文章的鋪陳上,我會採用「起—承—轉—合」的架構。以行人路權的文章為例,闡述核心論點時:

1. 提出「在特定場域中人們應該互相尊重」這個普遍共識

2. 指出這個觀點在行人與駕駛之間存在謬誤，因為兩者本質上並不對等
3. 從安全性、交通流動等多個角度進行論述
4. 回扣主題，重申論點

寫長文時，無論如何都會再回到重點，或是再做一次簡單的總結，因為讀者網路上瀏覽的注意力十分渙散，講了一大堆後大家多半忘掉原本在說什麼，最後要親切給予提醒。

以「總」「合」收尾的結構去寫作，既能確保邏輯清晰，又便於讀者理解和記憶。

雖然無論你邏輯和結構再清楚，網路畢竟是龍蛇混雜之地，什麼人都能評論兩句，沒有看懂或看錯重點的大有人在，有時候真的會讓人很挫折！

不過，身為作者我們本來就有篩選讀者的權利，我鼓勵你繼續以相對高的標準來要求自己。假以時日地寫下去，留下來追蹤你的讀者，多半都會是與你的思想有共鳴，理解能力也能跟得上你的人。慢慢地累積和擴展自己的「同溫層」，就能令創作之路越來越順利。

・行人路權全文的文章結構示意

起		台灣 #行人路權 低微的狀況，又一個「權力越大越會失去同理心」的展現 凡去過歐美日國家的人，很難忘記在那邊行走有多心曠神怡，我走在溫哥華的市郊時，甚至遇過一輛休旅車的司機在兩個街口以外看到我，就放慢了車速。過馬路之前，即使還差十幾步才上路，我跟司機揮手要他們先過，他們也都遠遠的就停下車讓我慢慢走。 交通繁忙的路段一定有，但不至於像台灣這樣過個馬路還要被車頭逼，好像晚那幾秒鐘會害他們損失幾十萬一樣。
承		這幾天看了網上的爭執，其中一個令支持行人路權方火大的觀點是，居然認為車輛和行人的尊重是「彼此互相」，車輛禮讓行人，而行人也要儘快通過。
轉	總	我贊同，不管是哪個場域中，人們互相尊重是應該的，但這個觀點的根本謬誤在於，試圖將行人和車輛置於一個「平等」的位置上，卻忽略了兩者在交通中的本質不對等。
	分	從安全的角度來看，車輛與行人之間存在著明顯的力量不對等。一輛車即便以低速行駛，對行人的潛在傷害也遠大於行人對車輛的影響。因此，車輛應該承擔更大的責任來保障行人的安全。這不僅是一種禮貌，更是一項法律和道德上的責任。
	分	從交通流動的角度來看，行人「儘快通過」的要求似乎合理，但實際上這隱含了對行人自由和權利的限制。行人在過馬路時可能由於年齡、健康或其他原因而行動緩慢，要求他們「儘快通過」無異於無視這些差異。
	分	此外，這種觀點還暗示了一種「權力平衡」的錯誤想法，即行人和駕駛在路上享有相同的權力和責任。然而在現實中，駕駛車輛的人擁有更大的速度和移動力量，因此他們在避免交通事故方面應該承擔更重的責任。

Chapter5──好文案的模樣

總 真正的交通文化應該基於對弱勢群體的保護和尊重,而不是強加一種表面上的「互相尊重」來掩蓋真實的不平等。
終歸到底,為何許多台灣的駕駛會這麼「衝」,坐上車就以為自己換上無形的盔甲、忘記自己也是經不起車撞的血肉之軀?

最近剛好讀了一本有趣的書,由德國語言文化教授 Doris Martin 寫的《#慣習》。這本書中性的講解了上層階級的價值觀和處事和中下階層的不同,其中一個章節提到,這些出身於富裕家庭的人們雖然自知得利於天生優勢,跟他人的起點是不平等的,但他們理所當然認為自己應該得到更多,也比較沒有同理心。

高權力地位的個體在解讀他人的情緒表情時表現得較差。即使受到再好的教育,普遍習性如此。

光是人類階層之間的差異,就足以再證明大名鼎鼎的 1971 年斯坦福監獄實驗成果,即:任何人被賦予權力以後,同理心都會顯著減少。

簡單的說,有權力就會踐踏他人,這幾乎是人性。

合 從社會科學的研究成果來看,遏制這種情況最好的方法,就是剝奪權力。所以外國的交通法條會重判肇事駕駛,更別談酒駕之類的案件,告到傾家蕩產都有可能。

既然權力使人腐化,最有效的制裁方法當然是不要讓他們有那麼多的權力。

所以,不要談什麼車輛也要被尊重,一邊是坐在冷氣空間裡單腳踩下油門就可以到處遊走的駕駛,一邊是颱風下雨吃了滿嘴沙塵也要一步步前行的路人,前者本來就要承擔起更多的責任。

不然覺得等路人過馬路那麼煩的話,你可以不要買車。每一個有錢有地位的人都是踏著底層上去的,請感恩惜福,我以為這是身處社會上的常識了。

✚ 洞察力：畫龍點睛之筆

深刻的洞察，能化腐朽為神奇，讓文章煥發生命之光。

洞察是一種深刻的體悟，能讓平淡的文章躍然紙（網）上。

在行人路權的文章結尾，我寫道：「每一個有錢有地位的人都是踏著底層上去的。」這句話雖然措辭較重，帶有一定的情緒色彩，但正是這樣有一點點力道的洞察，為整篇文章畫下了有力的句點。

> 不然覺得等路人過馬路那麼煩的話，你可以不要買車。每一個有錢有地位的人都是踏著底層上去的，請感恩惜福，我以為這是身處社會上的常識了。

洞察往往體現在文案的關鍵轉折處，它可能是要引導讀者採取行動，也可能是加深讀者對議題的理解。在這個例子中，我的目的並非召喚行動，而是要讓讀者更深入地思考權力不對等的問題。透過這個略帶煽動性的結論，強化了整篇文章的說服力。

「你可以不要買車」明確斥責的對象是造成交通環境不友善的駕駛；「每一個有錢有地位的人都是踏著底層上去的」則再次提醒，有能力買車的人本身是社會上的特權階級。

指出駕駛是特權階級這件事，看似沒必要，提出來卻能大大加強論述力道，因為這一點剛好把前面提出的訴求合理化。把「行人、駕駛」之別，提升到「階級」差異，無疑是昇華整篇論述的關鍵「洞察」。

很有意思的是，一篇以維護行人路權為出發點的文章能引起共鳴的對象，應該是沒有車的人吧？為什麼這裡的「你」所指稱的卻變成了身為批評對象的駕駛，難道是寫給駕駛看的嗎？

確實，真正身為駕駛的「你」不一定會認同此文，可是文章既是要代人發聲，我認為那種「代人出一口氣」的譴責口吻，提高煽動性，讓文章整個「派」起來，在社群上是有必要的操作。

我有許多受歡迎的文章，都會善用不斷變換對象的「你」來加強語氣，配合文章節奏和結構，在適當時機運用具有情感張力的詞彙，突出個人風格、做出恰到好處的情感鋪陳。

最後，在故事、知識、風格、結構和洞察這五個面向取得平衡，就能打動人心，寫出網路上大家喜歡傳播的好文案。

- 透過生動的故事吸引讀者
- 用扎實的知識提供價值
- 以獨特的風格展現個性
- 靠清晰的結構傳達觀點

- 用深刻的洞察畫龍點睛

談到這裡,你是否清楚掌握「文字五力」的訣竅了呢?

我們只拆解了一篇文章,你大概還有種似懂非懂的感覺。沒關係,多做一點練習就熟悉了!我的臉書社群「冏冏」上還有許多高互動貼文,你無妨仔細閱讀,試著抓出這些文章中最能表現「文字五力」的段落在哪裡。

- 臉書社群「冏冏」 https://facebook.com/kyontw828

Chapter5──好文案的模樣

Chapter 6

結語

當一名職業作家賺正當的錢,從來不是什麼卑微的事。

你的問題可能不是不會寫,而是不知道如何成為職業作家。

活用本書提到過的種種商業模式,再用文字戰鬥一次吧!

讀到這裡的你，可能會意外我沒有在探討寫作能力本身的「文字五力」花太多篇幅，因為這並不是一本主要探討如何把文章寫好的書。

為了夢想，賺你應該賺到的錢！

我花了最多的篇幅分享用文字賺錢的方式，我也相信，我可能是市面上單純憑文字能賺到最多元收入的作家之一，畢竟我是從影音媒體「降維」下來的作者，憑藉著原有的名氣，加上深耕於文字領域的筆力，做到了連自己也沒有意料到的豐厚成果。

憑著還不錯的本業收入，我持續加碼投資，打造更多元的收入，讓自己經濟無虞，終於對很多財經書籍提到的「財富自由其實是選擇自由」這件事有了切身體會。

前面幾章的商業模式或文案公式，也許你不是不知道，但遲遲不願投入實踐。

「我不喜歡商業化啊⋯⋯」

「我知道寫那些比較受歡迎，但是我不想⋯⋯」

相信我，很多創作者年輕時都是那樣想的，你可以繼續那樣想，只要不介意過窮困的日子。

我們終究得面對現實，無論有什麼樣的夢想，想要只寫想寫

Chapter6——結語

的東西也好，寫作以外的事情也好，你都必須要先能夠活下去。

等到你能夠存活，你才有底氣做出選擇，像是接哪個商案、寫哪種主題的文章；等到你有那樣的底氣，搞不好也有本事把原來極其小眾的主題寫成新的主流！

很多人以為是我一開始就是靠「說書」出名，其實我在此之前做了四年的搞笑影片，早就累積了 30 多萬的訂閱數。若沒有那 30 多萬忠實觀眾，無聊的說書是不可能打響名號的；若不是因為我做搞笑的內容聚集了大量願意支持的鐵粉，在那個沒有線上課程也沒有業配的年代，說書不可能支撐到四季之長。

懷著再怎樣清高的理想也罷，不要害怕賺錢，請把「盈利」當成職業精神的一部分牢記在心，不要害怕酸言酸語，因為你想賺錢就攻擊你的讀者，等於是在否定你的價值，根本不尊重你的勞動。那樣的人，你倒是問問他們每天吃飯是否有付錢？憑什麼覺得你的創作應該是免費的？

所以我希望你不一定要搞得銅臭味十足、一切向錢看，但心裡一定要明白，**當一名職業作家賺正當的錢，從來不是什麼卑微的事**。錯的是那些認為你不該賺錢的人，他們以為你打打字好輕鬆，以為你累積幾千幾萬的粉絲好簡單，可是叫他們來做他們肯定做不到，因為他們不知道你為了能以寫作為職業，付出了多少心力揣摩和學習（包括閱讀這本書）。

別的職業，我尚且不會如此多擔憂，但我私心認為，喜歡文字工作的人，多半心思細膩，甚至有點不食人間煙火的傾向。

物慾低落不是什麼問題，知行不合一就是大問題了。許多人因此變得憤世嫉俗，認為自己懷才不遇，責怪大環境，責怪台灣市場太小，或是認為讀者都沒眼光，偏愛沒營養的讀物？可是，明明就有許多人寫著內涵豐富的題材，也經營得非常成功，那些作者是你忽略的小眾 KOL，他們活用了這個時代獨有的行銷方式和營利模式。

你的問題可能不是不會寫，而是不知道如何成為職業作家。

過了心裡這道「不想商業化」的檻，請你重新審視自己是否有足夠的決心，然後參考本書提到過的種種商業模式，再用文字戰鬥一次吧。

閱讀：最深的護城河

在講座上分享上述心得時，不意外收到很多類似的疑問，是關於「閱讀與寫作」的關聯。

我的許多高互動文章，都與時事有關，而我列舉的知識點，多半都取自讀過的書籍。我想這也是我和許多說書、知識轉譯類作者的不同之處：雖然早年我以說書節目成名，但我不喜歡硬邦

Chapter6──結語

邦地介紹一本書,更喜歡把知識融合到對生活有用的敘事中,特別是用於評論時事,便於在社群中引起注意。

「要馬上從某件事聯繫到某個知識,平時就讀很多書啊!」

確實如此,我經營個人品牌時,有意識地把大量閱讀當作我內容的「護城河」。這是什麼意思呢?就是縱使有無數人寫文章的文采比我好、個性比我鮮明討喜,從今往後也肯定會出現更多更多競爭者,可是我並不擔心會被輕易取代。

我從小就喜愛閱讀,至今仍維持每天閱讀至少 1 小時的習慣,我的經驗值沒有那麼容易被複製。對我來說,有事沒事翻幾頁書就像吃飯喝水一樣自在,我分析事情的思考脈絡,都是以多角度切入、幾千字篇幅為單位,透過經年累月的寫作練習,輸出為大眾能看懂的文章。

汲取各種體裁和主題的書籍之後,把無數的故事、案例、歷史知識與理論觀點載入腦內,如同為寫作蓄滿了一座素材寶庫。一旦需要動筆,這座寶庫就能提供源源不絕的靈感。

以前我介紹過的《雪球閱讀法》一書指出,隨著腦內建成的資料庫越龐大,你的閱讀速度會越快,同樣的,熟悉結合知識的寫作後,分析事物調動的腦力也會越來越強大。大腦內反覆放電過後的神經連結會被強化,使得透過閱讀習得的能力,和金融資產投資一樣會呈現指數型成長。

當我們沉下心閱讀那些有挑戰性的書籍、文章時，過程中，我們會與作者對話：這個觀點有道理嗎？有沒有其他的看法？透過不斷地質疑和吸收不同觀點，更能形成獨立思考的習慣。

不僅如此，當我們博覽群書、了解多元的立場後，面對同一件事就能從不同角度切入，而不至於人云亦云。深度閱讀帶來的批判思考能力最終會體現在我們的筆下。比如，大家都在關注某社會議題時，如果你讀過相關的研究報告和不同立場的評論，你寫出的觀點就能超越流行意見，有理有據地提出獨特見解。

我沒有這樣自稱過，但許多讀者對我的文章評價是「有邏輯」「有理論根據」「觀點精闢」，我想那就是長期閱讀造成的影響。閱讀讓我們更善於審視自己的論點和架構，有助於避免盲從。最終，你將能夠不隨波逐流，形成獨特且有力的觀點來說服讀者。

5 年讀完 100 本書，你可能沒感覺；20 年讀完 1000 本書，就會顯而易見察覺腦袋不一樣了，好像熟悉下棋的棋手，比起新手只能推導三、四步，他能推導到百步以後。閱讀帶來思考的深度和廣度，不像文采、個性那般可以簡單複製。因此我敢下保證：想寫好文章，最好的捷徑就是閱讀書籍。

我相信若非遇到此書，你也不可能一口氣把系統化、專業的寫作商業化知識盡收眼底。因為網路只有片段、零碎的資訊，你

Chapter6——結語

沒辦法收齊,就算收齊了你也未必會認真看待!

以我既有的收入管道,寫書的賺錢效率其實是最低的,而我出版這本書,一方面想要證明「書籍仍然是知識的最佳載體」,一方面期望鼓勵有志於寫作的各位,別滿足於瀏覽網路上的零碎資訊,請務必讓書本為你的寫作之路注入扎實的養分。

2025 年初,我在電子報分享了 2024 年讀過並保留的 46 本書,你若對於該讀什麼書毫無頭緒,無妨參考看看。

- 電子報「冏冏的文字與資本主義」https://getwhealthy.substack.com(這份書單僅代表我的個人品味!)

寫作:最溫柔的祝福

雖然回頭說起這段往事時,我會把當時做的投入解讀為「轉型」,其實那樣寫下去會走到哪裡,當初我根本沒什麼信心。我沒有像是「YouTuber 空降到文字社群要怎麼做」的前人參考範例,只是學其他當紅網紅賣萌、分享生活瑣事,也沒有前途可言。

之所以持續寫下去,是因為那是當時生病中的我唯一能做的創作。

2017 年到 2022 年,我陷入了混亂無助的伴侶關係,導致生活、事業、健康一團糟。我領養的貓咪被前任傷害,受到多次以

死要脅，我的父母被公審和騷擾，我被確診長期性壓力非典型鬱症和創傷後壓力症候群，此外還有併發的廣泛性焦慮症、恐慌症等等。火上加油的是，我在商業合作中失察，被合作對象及其朋友群起而攻之，還遭中國代理公司擺了一道，八卦路人挖出我的家庭隱私，把事實張冠李戴，我遭受謠言大肆攻擊，在各方面圍攻之下疲憊不堪。

為什麼會發生這種事呢？就算說出來又有誰能理解呢？我從小就很努力，自認沒有辜負誰，想要什麼就靠自己爭取，一步一步走上階梯才建立自己的事業，我不太花時間周旋於人際關係，面對名聲的塌房只能吞下一切冤屈。

即便知道這一切是飛來橫禍，我無力反擊和澄清，同時應付著壓力爆表的私人生活。長達 11 天不能睡眠後，我徹底放棄抵抗，對助理說：「我不想做了。」

助理感到震驚，他試著勸我：你的知名度已經如此頂尖，好不容易做到這樣大的事業，不該輕易就放棄每月近百萬的收入，這是別人羨慕都來不及的啊！

我對醫生說：「我只想好好休息。」

他開給我四種藥。我領了藥那天起的四年間沒有斷過藥。

經歷各種折磨，心愛的貓咪被逼送走，房子賠售，我的病況反反覆覆，曾經一天吃十幾顆藥。早晨睜開眼後，我立即陷入極

Chapter6——結語

度的恐慌和心悸，必須先抓一大把藥吃才能勉強維持正常生活。我還記得吃了藥之後那種大腦變得麻木的感覺，沒有辦法快樂起來，對於任何書籍、影視作品都難以有感動的反應。

別說在鏡頭前流利地說話了，我連像正常人一樣行動都有困難，眼神呆滯、手抖個不停，幾年過去，即使經濟改善，病況也沒有太大好轉。我每天晚上都在哭泣，也不知道到底為了什麼難過，我想是因為那時候我的靈魂就像是被禁錮著，沒辦法自由地做真正的自己吧。

有時候我會做夢，夢到自己重新回到創作的舞台上，感到高興的不是收入也不是成名，而是終於能再發揮才華，讓觀眾驚嘆「你做出的作品太棒了！」──短暫虛幻的喜悅，夢醒之後，我還是那個發著抖、情緒不穩定、軟弱無力的病人。

我有口難言，無法向他人解釋在我身上發生了什麼事，也許只能沒出息地過一輩子。

即使處在那種狀況，不知何時病會好，不知有沒有訴說出委屈的一日，我還是想要做我能做到的創作，我困難地在床邊敲著鍵盤，打出了一篇一篇的文章。

爺爺去世後不久，我寫了一篇擔心姑姑身體的記錄心情的文字。那些文字感動了一些讀者。我收到他們的鼓勵：「你回來了！就算說說故事也好……」

我知道那種程度遠遠不夠，我接著寫，寫下每件日常小事，記錄我看的書⋯⋯分享能對他人產生影響的文字。與其說盼望「轉型」，不如說那只是病重的我的靈魂唯一的出口。

　　影音直觀，有時是十分暴力的形式，聲光、面龐、口吻能構成加分也能造成扣分，要求主持人必須準備萬全。病倒之前，我死撐著完成幾次錄影，每次都極度消耗。

　　不可思議的是，平平同是創作，文字寫作卻是那樣的溫和療癒。

　　透過文字，解開我被病灶打了無數個死結的思緒，隱蔽住我不堪入目的病容，以充分調整過的狀態面對讀者，與社群連結，時時能窺見幽微的希望。發表 10 篇、20 篇、50 篇文章，那些一點一滴的文字建構起來的不再脆弱的「我」，終於得以茁壯、大膽地見光，重新站在舞台上。

　　我因過去創傷，對該不該回到大眾視野感到憂心，長輩鼓勵我：「看到你的頻道上那些觀眾說的話嗎？他們曾受到你的幫助，那些是貨真價實的，曾給予出去，就會被還回來。好作品可以讓人記住很多年，因為給予的不是風靡一時的娛樂，觀看者就像受到祝福一樣，從今以後通往美好的未來。」

　　沒錯，最好的文字，就是祝福啊。

　　我知道，那時我如果不能繼續寫作，就是任憑死刑降臨。我

Chapter6──結語

慶幸我選擇不放棄文字,因文字而重生,希望以此為起點的你也能深深愛上寫作,讓你的文字成為給他人的祝福。

VI00147

無界文字力
從低谷重啟，跨越志業、理想，改變人生的書寫術

作　　者—余玥（囧星人）
責任編輯—周湘琦、徐詩淵
封面設計—點點設計 × 楊雅期
內頁設計—點點設計 × 楊雅期
副總編輯—呂增娣
總　編　輯—周湘琦

無界文字力：從低谷重啟，跨越志業、理想，改變人生的書寫術 / 余玥 (囧星人) 作 . -- 初版 . -- 臺北市：時報文化出版企業股份有限公司 , 2025.06
　面；　公分
ISBN 978-626-419-552-2(平裝)
1.CST: 商業文書 2.CST: 網路社群 3.CST: 寫作法
493.6　　　　　　　　　　　　114006663

董　事　長—趙政岷
出　版　者—時報文化出版企業股份有限公司
　　　　　108019 台北市和平西路三段二四○號二樓
　　　　　發行專線　（02）2306-6842
　　　　　讀者服務專線　0800-231-705、（02）2304-7103
　　　　　讀者服務傳真　（02）2304-6858
　　　　　郵撥　19344724 時報文化出版公司
　　　　　信箱　10899 臺北華江橋郵局第九九信箱
時報悅讀網— http://www.readingtimes.com.tw
電子郵件信箱— books@readingtimes.com.tw
時報出版風格線臉書— https://www.facebook.com/bookstyle2014
法律顧問—理律法律事務所　陳長文律師、李念祖律師
印　　刷—綋億印刷有限公司
初版一刷— 2025 年 06 月 20 日
定　　價—新台幣 480 元
（缺頁或破損的書，請寄回更換）

時報文化出版公司成立於一九七五年，並於一九九九年股票上櫃公開發行，於二○○八年脫離中時集團非屬旺中，以「尊重智慧與創意的文化事業」為信念。